Studies on the chemical and physical properties of GPT isoenzymes isolated from sera of children with Kala-azar

Prof. Dr. sami A.AL–Mudhaffar

Ghada A. Abu – Amara

Part (I)

ISOENZYMES OF GLUTAMIC PYRUVIC TRANSAMINASE IN SERA OF CHILDREN AFFECTED WITH KALAAZAR (VISCERAL LEISHMANIASIS) BEFOR AND DURING THE COURSE OF TREATMENT WITH PENTOSTAM.

I

Sami Al-Mudhaffar and Ghada Abu-Amarah .

Chemistry Department , College of Science Baghdad - Iraq

Summary

A reproducible and simple chromotographic method with DEAE Sephadex A-50 was used for fractionation of GPT iso-enzymes in sera of healthy children and adults and for those affected with kalaazar. Five distinct isoenzymes were separated from healthy and kalaazaric children.

It was until recently that the separation of human GPT isoenzymes was achieved showing the presence of two forms , but we could separate four forms of GPT isoenzymes from adults.

In this work GPT activity was determined in patients suffering from kalaazar and the isoenzyme patterns were studied in sera of these patients and followed during the

course of treatment with pentostam. The activity of iso-
enzyme II and IV was decreased during the course of treat-
ment with pentostam, I and III remains mostly unaffected,
while isoenzyme V activity increased during the course of
treatment.

Introduction

Kalaazar is an endemic disease especially in central
region of[1] Iraq, and it is occur in infants and children,
with more than (5000) cases[2] occur every year.

The causative organism is _Leishmania donovani_ which
harbours the Reticulo-Endothelial system in the liver,
spleen and bone marrow causing their hyper[3] trophy. Ex-
tensive research work has been done on the parasitological
and biochemical aspects of the disease but only very little
of it was concerned with the enzymological side. So, the
present study furnishes data concerning the effect of the
disease on the activity of GPT which is clinically important
serum enzymes. Since GPT with its various isoenzymes can
reflect the condition of all affected organs.

Materials and Methods

The chemicals NaH_2PO_4, $2H_2O$, Na_2HPO_4 , KH_2PO_4 ,
DL-alanine, Sodium Pyruvate and NaOH were purchased from BDH
Co., -ketoglutarate , 2,4 - dinitrophenyl hydrazine and
Nacl were purchased from Hopkin and Williams Co., while DEAE
Sephadex A-50 was obtained from pharmacia (Fine chemicals)
Co. Activity measurments of GPT was carried out using the
varian Techtron Model 635 Series (UV-Visible Spectrophoto-
meter).

The microzone electrophoresis, Beckman 152 microfuge
apparatus was used to identify separated serum fractions(10)
blood samples of both sexes and age ranged from (9) months
to (6) years , were obtained from normal healthy infants and
children attending the maternal and child welfare units in
Baghdad, and (68) pathological sample from untreated infants
with kalaazar were obtained from Baghdad Hospitals, of an
age group of (4) months to (5) years, the diagnosis was
based on bone marrow aspiration and clinical examination.The
samples obtained by vein puncture were kept to clot for (1)
hour at room temperature, then the serum was separated by

centrifugation at 3500 rounds per minute for (10) minutes . Analysis on normal and pathological sera were performed on the same day of sample collection. The activity of GPT was determined colorimetrically according to Reitman and Frankel method.[4]

A column chromatographic tegnique was employed for separation and fractionation of serum GPT from normal healthy children and those affected with kalaazar using DEAE Sephadex A-50 in a column (2 x 30 cm.) at 15°C , the settled suspension was repeatly washed with (0.1)M sodium phosphate buffer pH (7.2) , then (2)ml of serum of either normal or of patient with kalaazar was introduced into the column. The elution was performed by a stepwise technique using (36)ml of (0.1)M Sodium phosphate buffer pH (7.2), and then (39)ml of (0.25)M Nacl was soaked then (30)ml of (0.35)M Nacl in phosphate buffer was soaked there in. The eluate was collected in (3)ml. fractions.

Glutamic pyruvic transaminase activity was determined colorimetrically by[4] Reitman et.al., and the protein content of the eluate fractions was calculated[5] by measuring absorbance at 260 and 280 nm.

Fractionation of the isoenzymes by mcirozonal electro phoresis was performed[6] by Gebbot.

Results and Discussion :

Serum GPT activity was significantly increased in (45) cases out of (68) case (with ratio 66%) studied in comparison to the normal controls, and the range of enzyme level in the sera of patients with kalaazar was (38.3 - 96.2) I.U./L, while that for normal sera was (3.6 - 29.0) I.U./L (Table 1). The rise of serum GPT in children affected with kalaazar is caused by Leishmania donovani , which damage the liver and spleen cells, these injured cells release GPT in the circulation.

The fractionation procedure, using DEAE Sephadex A-50 yielded five distinct isoenzymes (Fig. 1 & 2) the first peak (referred to as isoenzyme I), and the second peak (referred to as isoenzyme II) were eluated when the column was developed with sodium phosphate buffer (pH 7.2) of concentration (0.1)M, hence these two isoenzymes being cationic isoenzymes.

The third and forth peaks (reffered to as isoenzyme III & IV respectively) were eluted with (0.25)M Nacl and so represented anionic isoenzyme, the fifth peak (referred to as isoenzyme V) was the most anionic isoenzyme and was eluted with (0.35)M Nacl. There was a change in the isoenzyme profile of patients with kalaazar in comparison to that of normal children. The changes were most striking in the relative distribution of the five components. Isoenzymes II, IV and V increased sharply and were apparently responsible for most of the serum GPT activity, while isoenzymes I, III increased some what. It seems plausible that isoenzyme I represents hepatic isoenzyme, since the parasite attacks on the RES in the liver (Kuppfer cells) without[7] affecting paranchyma, this accounts for the small increase in the activity of this isoenzyme. Isoenzyme III seems to be formed in a source outside the liver and spleen, since its activity was not increased sharply in comparison to iso enzyme I. The large increase in the activity of isoenzymes II, IV, V indicates their formation in the liver and spleen which damage cells caused a high release of these isoenzymes in the circulation.

Tables (2 & 3) show the purity and specific activity of each isoenzyme in sera of patients with kalaazar and of normal children respectively.

The specific activity of isoenzyme II was increased (10) times, and the specific activity for isoenzyme IV increased (41) times and for isoenzyme V the specific activity increased (5) times in sera of patients with kalaazar to that of normal children.

The chromotographic technique described in this paper was sensitive enough to detect as little as (0.2) I.U/L of GPT activity also it consumed much less time (about 3 hr.).

The GPT isoenzymes fractionation from sera of patients with kalaazar was identified by Cellulose acetate electrophoresis (Fig.4) as they were attached to different fraction of serum proteins, the movment of isoenzyme I was identical to that of γ -globuline, the speed of isoenzyme II was identical to that of β -globuline, the movment of isoenzyme III was identical to that of α_2 -globuline, isoenzyme [illegible] movment was identical to that of α_1 - glotuline and the speed of isoenzyme V was identical to Albumin . So both DEAE Sephadex separation and Microzonal electrophoresis indicated that isoenzymes I, II were more cationic than isoenzymes III while isoenzymes IV and V were anionic.

The effect of treatment with Pentostam on the activities of GPT isoenzymes from sera of children affected by kalaazar was studied (Figs. 6 & 7), the activity of isoenzyme II and IV decreased gradually while that of isoenzyme V was increased, isoenzymes I and III were almost unaffected with proceeding of treatment course.

REFERENCES

1- Sukkar, F. (1976 a) Some epidemiological information

from annual report of kalaazar in Iraq during 1974.

Bull.Endem. Dis. XVII , 119.

2- Sukkar, F. (1976 b) Some epidemiological and clinical

aspects of kalaazar in Iraq. Bull. Ende. Dis. XVII,53.

3- Wilckocks and Manson Bahr (1972) in Mansons Tropical

Disease, 7th. ed. P.119-133. Baillies Tindall, London.

4- Reitman, S. and Frankel, S.(1957) A colorimetric method

glutamic pyruvic transaminases, Amer. J. Clin. Pathol.

28 , 56.

5- Kalckar, H. M. (1947) J. Biol. chem. 167, 461.

6- Gebbot, M.D. (1973) in Microzone Electrophoresis manual,

Beckman instruments, California.

7- Keele, C.A. and Neil, E. (1966) in Sanson's wright's

Applied physiology, 11th. ed. p. 370, Oxford.

ULTRACENTRIFUGATION ANALYSIS (SCHLIEREN MOVING BAND DIAGRAM) OF GLUTAMIC PYRUVIC TRANSAMINASE (EC 2.6.1.2) ISOENZYMES .

II

Sami Al-Mudhaffar and Ghada Abu-Amarah .

Chemistry Dept., Biochemistry Section, College of Science.

Introduction :

In previous paper, using column chromotography with DEAE-Sephadex A-50, the authors were able to fractionate Glutamic Pyruvic transaminase into five distinct isoenzymes, two cationic undesorbed by the anion exchanger and three anionic adsorbed by the exchanger and eluated by Nacl. On the Basis of electrophoretic analysis each isoenzyme appeared to be a distinct species.

In the present paper, the authors report some of the molecular properties of GPT isoenzymes II, IV and V using sedimentation velocity by ultracentrifugation (Schlieren system).

Materials and Methods

Materials :

NaH_2PO_4 , Na_2HPO_4 , KH_2PO_4 , Nacl were purchased from BDH Co. All chemicals used were of analytical Grade. DEAE. Sephadex A-50 was obtained from pharmacia (Fine chemicals) Co. in Sweden .

All activity measurments and Protein concentrations of GPT isoenzymes were performed in the UV-visible spectropho-tometer - Varian Techtron Model 635 series. The MSE centris-can 75 analytical ultracentrifuge was employed using 10 mm single sector analytical cell. The Schlieren system was used to follow the sedimentation of the macromolecules in the cell. The Microzone electrophoresis-Beckman 152 apparatus was used to identify separated serum fractions , which have GPT activity. The source of GPT isoenzymes were obtained from blood samples of untreated patients with kalaazar. Diagnosis by sepcialists were based on physical and clinical examinations and bone marrow aspirations.

Analysis on the normal and pathological sera were always performed on the same day of sample collection.

Methods :

A column chromotography (2 x 30 cm) with DEAE Sephadex A-50 was employed for the separation and fractionation of serum GPT from children affected by kalaazar. The method of separation was employed using (36)ml of (0.1)M Sodium phosphate buffer pH(7.0) , the eluate contains the isoenzyme I and II which were cationic, then followed by (39)ml of (0.25)M Nacl solution in Sodium phosphate buffer, then proceeded by (30)ml of (0.35)M Nacl in Sodium phosphate buffer.

The fractions eluted from the column were assayed and the GPT activity was determined[1] colorimetrically according to Reitman and Frankel method. The protein was calculated[2] for each fraction according to kalckar equation. GPT isoenzymes fractionation was carried out by Microzonal electrophoresis according[3] to Gebbott.

Ultracentrifugation were performed on Schlieren optical system at a speed 45,000 rev/min. The concentrations of isoenzymes II , IV , V were (6.31)mg/ml, (5.139)mg/ml, (4.722) mg/ml respectively. Both protein solution and rotor were prechilled or prewarmed to the desired temperature before placement into the centrifuge chamber. Sedimentation velocity studied were carried out between 5° to 20° using 10mm single section cell for the test and the control.

The moving boundary velocity was[4] used for the determination of the :-

1- Sedimentation Coefficient.

2- Diffusion Coefficient .

3- Molecular weight of.

Particles as they move away from the air/liquid meniscus in the cell. For moving boundary method the experiment was conducted according to 1 Al-Mudhaffar[5] and Rassam. Two cells were used for the test 10mm single cell was chosen to be filled by the isoenzyme II or IV or V solution. The references single sector cells, were filled with (0.1)M phosphate buffer pH (7.0). The cells together with the reference / balance cell and the appropriate blank cells were fitted into the analytical rotor for the run were 45,000 r.p.m. Scans were taken at 10 minutes interval.

Results and Discussion

The fractionation procedure yielded five distinct iso-
enzymes in sera of children affected by kalaazar as I, II, III,
IV, V (Fig.1) and the electrophoretic technique shows each
isoenzyme yielded single protein band. Figs (4,5) indicate
that the five isoenzymes differ in their isoelectric points.
The density of isoenzymes II, IV and V were high comparying
with isoenzyme I & III, for that isoenzymes II, IV & V chosen
for ultracentrifuge analysis.

1- Determination of Sedimentation Coefficient for isoenzymes II, IV, V in sera of children affected by kalaazar:

Schlieren diagram was used (Fig.12-14) and was evalua-
ted as follows:

(a) The centers of the two references marks R_1 , R_2 the air/
liquid meniscus positions M_1, M_2 for the reference and sample
cells and the centers of the peaks (P_1, P_2 etc.).

(b) R_1M_1 , M_1P_2 etc. and R_1R_2 were determined when a rotor
is spun at high speed it is subjected to high stresses and
hence tends to strech elastically. This introduces errors

into calculations based on measurments of movment of parti-

cles, since it is necessary to know [4] accurately the radius

of rotation of the particles so the standard graph was used.

(c) Magnification factor, m was obtained by dividing the

distance R_1R_2 by the true value of this distance.

(d) Multiply the distance of R_1 from the centre of rotation

(OR_1) by m.

(e) Add $(OR_1 \times m)$ to R_1P for each peak, This is the distance

X of a moving peak from the center of rotation.

(f) Log x was plotted against time at which the scan was

taken. The slope of the line was obtained and substituted:

$dx / dt = SW^2x$

where dx/dt = the rate at which the moving boundary sedi-

ments.

$$\text{Slope} = \frac{\text{Log}_{10} f(x_2) - \text{Log}_{10} f(x_1)}{t_2 - t_1}$$

$$W = \frac{2\pi \cdot \text{Speed in r.p.m}}{60}$$

where W = angular velocity

$$S = \text{Sedimentation Coefficient}$$

$$S_{(exp)} = \frac{2.303 \; \text{Log} \; f(x_2) - \text{Log} \; f(x_1)}{w^2(t_2 - t_1)}$$

Sedimentation Coefficient for isoenzyme II was (0.5×10^{-13}), for isoenzyme IV (0.13×10^{-13}) and for isoenzyme V was (0.61×10^{-13}) .

2- Determination of Difussion Coefficient (D) :

A less precise estimate of diffusion coefficient may be obtained from experiments performed at speeds higher than 10,000 r.p.m. In this case the value obtained must be corrected for the effect of sedimentation as follows:-

$$D_{true} = D_{observed}(1 - Sw^2t)$$

Evaluation :

i) The two level portions on either side were joined of the Schlieren peak.

ii) The area of the peak above the base line was measured.

iii) The height of the peak was measured.

iv) The value of $(\text{area/height})^2$ was calculated and plotted versus time (Table 4).

v) The slope of the graph was measured (Fig. 15 & 16).

Slope = $4\pi D$ where D = Diffusion coefficient

Diffusion coefficient for isoenzyme II was (2.6×10^{-5}) cm^2/sec , for isoenzyme IV was (7.9×10^{-5}) cm^2/sec and for isoenzyme v was (2.63×10^{-3}) Cm^2/sec.

3- Calculation of Molecular Weights from Sedimentation Data:

One of the most useful methods of determining the molecular weights of protein particles was developed by Svedberg[6], the equation specifically applied in the calculation of molecular weights M from sedimentation velocity is :-

$$M = \frac{RTS}{(1 - \bar{V} \rho')D}$$

where R = the gas constant (0.082 $L.atm deg^{-1} mole^{-1}$)

T = the absolute temperature (k^o)

D = the diffusion Coefficient

= the amount of the compound diffusing per second across an area of 10^2 at a unit conc. gradient.

$\ddot{V}$ = the specific volume of the macromelecules.

The molecular weight of the isoenzyme could be obtained from :-

$$MW = \frac{RTS}{D(1 - \dot{V} \rho s)}$$

The moving[(7),(8)] boundary velocity method was used for the determination of sedimentation coefficient by the schlieren optical system Figs. (12-14).

The Molecular weight for isoenzyme II was (220961.5) gm/mole , for isoenzyme IV the molecular weight was(117075.94) gm/mole and for isoenzyme V was (35215)gm/mole.

REFERENCES

1- Reitman, S. & Frankel, S. (1957) Amer. J. Clin. Pathol.

    28 , 57 .

2- Kalckar, H. M. (1947) J. Biol. Chem. 167,461 .

3- Gebbot, M. D.(1973) in Microzone electrophoresis manual,

    Beckman instruments, California.

4- Sited in "Basic Theory & Application of Analytical

    ultracentifugation" Suppliment to MSE Technical

    pulications No. 73, issued by MSE Scientific Instru-

    ments, England. pp. 1 - 18 .

5- Al-Mudhaffar, S. & Rassam, M.(1977) Iraqi J. Sci. Vol.

    18 , No.2,30 .

6- Svedberg & K.D. Petersons, The ultracentrifuge clarendon

    press, Oxford, 1940 , p. 400.

7- Sykes, J. "Methods in Microbiology" Noris, J.R. & D.W.

    Ribbons (edts.) Vcl 5B , Academic Press, London ,

    Chap. 11 , pp. 165 - 206.

8- Williams, C. A. & M. W. chase (1968) in "Methods in

Immunology & Immuno-Chemistry/ Academic press, New

York, chap. 7 , p. 81 - 118 .

ISOELECTRIC FOCUSING AND OTHER PHYSICAL KINETIC PROPERTIES OF GPT ISOENZYMES ISOLATED FROM SERA OF CHILDREN WITH KALA-AZAR .

III

Sami Al-Mudhaffar and Ghada Abu-Amarah.

Chemistry Dept. College of Science Baghdad - IRAQ.

Summary

The effect of enzyme concentration and incubation time on the activity of GPT isoenzymes I, II, III, IV, V and their total in the sera of children with kalaazar was studied and found that (1)ml of enzyme and 2 hours incubation are enough to carry out the enzymatic reaction at its optimal.

Temperature studies of the five GPT isoenzymes and their total revealed the fact that isoenzymes I, IV and their total isoenzymes obey Arrhenius equation until 37°C while isoenzymes II, III and V obey it until 47°C.

Isoenzymes I, II, III, IV, V and their total have optimum pH values 7.2 , 7.8 , 7.2 , 7.4 , 7.3 , 7.2 respectively.

PK values obtained suggest that cystine present at the active site of these forms.

Isoenzymes IV and V obey Michealis-Menton equation while isoenzymes I, II, II obey Hill equation.

High substrate concentration inhibited GPT isoenzymes I, II, III, IV, V and their total with formation of inactive enzyme-substrate complex . Also these isoenzymes were inhibited by L-proline and Acetone and these forms differ in the type of inhibition with respect to DL-alanine and to α-ketoglutarate.

Introduction :

The presence of isoenzymes had been reported for many enzymes[1] systems. GPT activity represents several distinct isoenzymes with the same enzymatic function, but with different electrophoretic properties. Ortanos et.al., reported[2] the separation of two GPT isoenzymes form.

In this work, it is the improvment of Ortanos et.al., method being used for the separation of human GPT isoenzymes I, II, III, IV, V .

Km values for alanine and α -ketoglutarate differ depending on the source[3] of[4] the enzyme. Km values for human GPT sera with respect to DL-alanine for isoenzyme I(57×10^{-3}) M and for isoenzyme II (195×10^{-3})M[5] which differ of that obtained from rabbit skeletal[4] muscle and from rat liver (34×10^{-3})M.Km value with respect to α -ketoglutarate for isoenzyme I of human sera was (1.1×10^{-3})M and for isoenzyme II (1.66×10^{-3})M[6] and these values were the same as those for GPT of rat liver.

Hsu and Fahien[7] found that cytoplasmic isoenzyme of heart and liver was strongly inhibited by Quinolinate while the mitochondrial GPT was very less affected for the same organs . Also it[8] was found that L-Leucine, α - exciso - caproate, α -oxoisovalerate competitively inhibited the rat brain GPT, and was found that GPT enzyme for sheep kidney was activated by γ -globulin, L-glutamic acid, L-lysine.

In this paper further properties of GPT isoenzymes in sera of children with kalaazar (optimal pH, temperature, ultraviolet absorption spectra, molecular weight determination, Km and $\acute{K}$ values, their inhibition, isoelectric point, and electrolyte contents) are reported.

Material and Methods:

Apparatus: Activity measurements were performed in the Varian Techtron Model 635 (U.V-Visible Spectrophotometer).

Analytical ultracentrifuge MSE Model Centriscan 75 was employed inorder to determine the Molecular weight, Sedimentation coefficient, Diffusion coefficient.

Molecular weights values were carried out by Halbmikro-Osmometer Model (Khauer).

Isoelectricfocusing was performed on LKB 2117 Multiplier system.

Electrolytes composition was carried out by Unicam SP 190/191 - Atomic absorption. Single beam spectrophotometer.

Reagents: DL-alanine, Sodium pyruvate, hydrochloric acid , Na_2HPO_4 , NaH_2PO_4 ; $2H_2O$, KH_2PO_4 , H_3PO_4 , glacial acetic acid, H_2SO_4 ; Magnesium, calcium carbonate, NaOH and Lanthanum chloride were purchased from BDH Co. α -ketoglutarate , 2,4 - dinitrophenylhydrazine & Nacl were purchased from Hopkin and Williams Co., DEAE Sephadex A-50 was obtained from pharmacia (Fine chemicals) Co.

Specimens: Blood samples were obtained from Baghdad Hospitals for untreated infants and children with kalaazar. The samples were obtained by veinpuncture, and kept to clot for (1) hour at room temperature, then the serum was separated by centrifugation at 3500 rounds per minute for (15) minutes. Fractionation process was performed on the same day of sample collection and by the method already described (Al-Mudhaffer & Abu-Amarah, Paper I).

The activity was determined colorimetrically by the modification of [9]Reitman and Frankel method.

Analytical isoelectric Focusing method :

Focusing on the LKB Ampholine PAG plates was achieved with a constant power supply. The sample used was both , salt free and particle free since high salt concentrations interfere with pH gradient formation resulting in distored protein patterns while particles present in the sample may be trapped at the place of application[10] causing tailing by constantly leaking protein material.

The freezer-dried isoenzymes were resolublized in the minimum quantity of water spun down at 1000 g for (10) minutes. The PAG plate with a pH range 3.5-9.5 was put on the template already placed on the cooling plate.

Some insalting fluid (light parafin oil) was applied between the cooling plate and the template and between the latter and the PAG plate avoiding entrapping air bubbles.

Two electrode strips soaked in the proper electrode solution (1 M NaOH for the cathodic strip and 1 M phosphoric acid for the anodic strip) was placed on the gel, the cover was put and focusing was performed for 30 minutes, setting the power supply for 1400 V and 24 W. This allowed pH gradient formation prior to sample application.

Subsequently, the protein samples were applied to the gel by means of whatmann 3mm (0.5 x 1 cm) and placed at 2cm distance from the cathodal adge, sample application pieces were saturated with the samples. After further 30 minutes focusing, the sample application pieces were removed with forceps and the run was continued for another hour.

The pH gradient was then measured while the PAG plate

was still in position using surface glass electrode taking

one determination per centimeter distance. Standirization

of electrode and pH measurments were performed at the same

temperature as used during focusing.

Focusing was then continued for another 19 minutes to

restore the sharpness of zones which might have diffused

during pH measurments. Then the gel was [10] treated as

follows:-

(a) The proteins were fixed by immersing the gel in the

fixing solution (17.3 gm of sulphosalicylic acid and 57.5

gm trichloroacetic acid in 500 ml of water) for 0.5 - 1 hr.

(b) The gel was placed indestaining solution (500 ml

ethanol, 160 ml acetic acid. 1340 ml water) for 15 to 30

minutes to wash out the Ampholine presents.

(c) The gel was stained by dipping in the staining solution

(0.46 g coomasie Brilliant Blue R 250 in 400 ml destaining

solution) for 10 minutes at $60^{o}C$.

(d) Excess stain was removed by immersing the gel in des-

taining solution (frequent changed until a totally clear

background was obtained (this usually required overnight destaining).

(e) The stained gel was preserved by immersing the fully destained gel in destaining solution containing 10% (V/V) of glycerol for 0.5 - 1 hr.

A cellophane sheet soaked in the same solution for a few minutes, was wrapped around the gel and the supporting glass plate, avoiding trapping air. The wrapped gel was allowed to dry at room temperature.

Results and Discussion :

Isoelectric focusing :-

Electrofocusing is a very special electrophoretic technique by which proteins are separated according to their iso-electric points in a stable pH-gradient.

Proteins differing by only a few hundreths of a pH - unit in their isoelectric points in their isoelectric points may be resolved by electrofocusing in thin layers of polyacrylamide gels (Fig.5):-

Isoenzyme I : Could not be resolved into clearly visible

bands possibly due to its low solubility,

which may have been caused by freez drying

or by Dialysis .

Isoenzyme II : Was resolved into at least (4) visible bands,

cathodically with PI'S (8.6),(8.55),(8.7) ,

(8.75).

Isoenzyme III: was resolved into (3) visible bands with

PI'S (4.35),(4.5),(.465).

Isoenzyme IV : Clearly revealed the presence of at least

(9) sharply resolved bands with PI'S (4.4),

(4.55), (4.65),(4.86),(5.1),(5.52),(5.35),

(5.5),(6.65).

Isoenzyme V : Was resolved clearly into at leats (7) shar-

ply bands with PI'S (4.7),(4.8),(4.86) ,

(4.95),(5.1),(5.25),(5.4).

Determination of Molecular Weight by Osmotic Pressure
Method:-

The molecular weight of the five GPT isoenzymes were

determined by this method & were to be (10660 , 203340,

19400, 89544 , 30232 g/mole) for isoenzymes I, II, III,IV,

V respectively (Table 4) , (Fig. 8 - 10).

Absorption Spectra of GPT isoenzymes in children affected

by kalaazar :

(Table 11) shows the spectral values for each isoen-

zyme in serum of children with kalaazar. Different curves

for these five isoenzymes were obtained of U.V Spectra

adsorption using the range (200-340)nm . The substrate

effect on the spectra was obtained which is probably due

to the protonated enzyme and its complex with α -keto-

glutarate.

Kinetic Properties of GPT isoenzymes:

Effect of enzyme concentration and incubation time on the

reaction velocity of GPT isoenzymes I, II, III, IV, V :

The effect of enzyme concentration on the velocity of

the reaction for GPT isoenzymes I,II,III,IV,V was shown

in Fig.(17), the activity was increased with increasing

enzyme concentration. Fig(18) shows the relationship bet-ween the time of reaction and its velosity, this velocity was increased with increasing the time untill 2 hours of incubation, after this time the velocity decreased.

Relationship between substrate concentration and velocity of the GPT isoenzymes I, II, III, IV, V and their total:-

Figs. (19 & 20) show the effect of substrate concentration (DL-alanine and α-ketoglutarate) upon initial velocities of GPT isoenzymes I, II, III, IV, V and their total ; the relation between DL-alanine and α - ketoglutarate concentration, and velocity for isoenzymes IV , V and total GPT isoenzymes was hyperbolic and obeys Michealis Monton equation, while isoenzymes I, II and III show sigmoidal shape and obeys Hill equation.

The optimal concentration at which maximum velocity obtained for GPT isoenzymes I, III, IV, V and their total was (0.1)M for DL-alanine and (0.075)M for isoenzyme II (Fig.19) .

For α -ketoglutarate the optimal conc. for isoenzymes

II, IV, V and their total was (1.5×10^{-3}) and for isoenzyme I & III was (1.8×10^{-3})M (Fig.20) (Table 5).

At relatively high substrate concentration the velocity of the reaction declines with increasing substrate concentration and this indicate that the binding of more than one substrate molecule at the active centre of the enzyme with subsequent formation of inactive substrate-enzyme complex, this provided a possible mechanism of such substrate inhibition.

Determination of optimal temperature for GPT isoenzymes I, II, III, IV, V and their total :-

The effect of temperature on the GPT isoenzymes I, II, III, IV, V and their total was shown in Fig.(21), and the optimal temperatures at which maximum velcoity obtained for isoenzymes I, III, IV was 37°C and for isoenzymes II and V was 45°C (Table 5) (Fig.21) show that at temperatures higher than the optimal one, the rate of reaction of each isoenzyme was decreased due to protein denaturation.

The relations between Log Vmax of each isoenzyme and

1/T follows Arrhenius plot (Fig.22). But isoenzymes I,IV and total GPT isoenzymes obyed Arrhenius equation untill 37 ^{o}C, while isoenzymes II, III, V obey this equation untill 47 ^{o}C.

The activation energy (Ea) and Q10 of each isoenzyme and total GPT isoenzymes were presented in Table (7), the Q10 values obtained were confirming the statment that Q10 [12] values for enzymatic ranges between 1 and 2 .

Effect of pH on the activity of GPT isoenzymes I, II,III, IV, V and their total :-

Fig.(23 & 24) show the effect of pH on the activity of isoenzymes I, II, III, IV, V and their total; the following pH values were obtained for optimal activity , 7.2 , 7.8 , 7.2 , 7.4 , 7.3 and 7.2 respectively (Table 5). While Fig. (25 & 26) represent the plotting of log V vs. pH, the PK's of the groups present in or near the active site could be determined and it was found that from the PK values obtained,I fan suggest that cystine residue present [13] at the active sites of the five GPT isoenzymes and their total.

Calculation of apparent constants Km and Ḱ :

Apparent Michaelis constants (Km) of the two GPT isoenzymes IV and V were graphically derived from Eisenthal-Cornish[14] plot using different concentrations of DL-alanine and α-ketoglutarate (Fig. 27-30). The values of Km (DL-alanine) for GPT isoenzymes IV and V were (0.25×10^{-4}) M, (0.13×10^{-4})M, while the values of Km (α-ketoglutarate) were (0.19×10^{-3}) M and (0.6×10^{-3})M and (0.6×10^{-3})M respectively (Table 6).

These different values of Michaelis constant (Km) indicated that these isoenzymes have different affinities toward the substrate used.

The interaction coefficient (n) represent the number of subunits in the[11] enzyme molecule or the number of active sites present[15] in the enzyme.

Accordingly isoenzymes I, II,III had 4,4,2 active sites respectively with respect to DL-alanine and 2,4,2 active sites with respect to α-ketoglutarate Fig.(31-35),

(Table 6) show the values of K' .

Effect of pH on apparent Km and K' of DL-alanine and
α -ketoglutarate :-

Fig.(36 - 38) show the relation between PKm or PK and
pH for isoenzymes I, II, III, IV & V . Whereas Km for
DL-alanine and α -ketoglutarate were determined from
the Direct linear plot, and K' were determined from Hill
plot over a pH range (6.8 - 8.2).

The PK values obtained from plotting PKm or PK' vs.
pH were identical to those obtained by plotting LogV vs.
pH .

Effect of Temperature upon Km & K' for isoenzymes I, II,
III, IV, V :-

Fig. (39 & 40) show the relation between PKm or PK' and
1/T for isoenzymes I, II, III, IV and at different incu-
bation temperatures.

<u>Inhibition of GPT isoenzymes I, II, III, IV, and V by L-Proline and Acetone</u> :-

L-proline inhibited isoenzyme IV and V competitively with respect to DL-alanine and the inhibition was mixed type with respect to α-ketoglutarate Figs.(42-44).

Acetone inhibited isoenzyme IV (Fig. 47 & 48) uncompetitively and inhibited isoenzyme V competitively with respect to DL-alanine and α-ketoglutarate. The competitive inhibition by L-proline can be represented by the following mechanism :-

$$\begin{array}{l} \text{GPT} + \text{Alanine} \overset{Ks}{\rightleftharpoons} \text{GPT} - \text{Alanine} \longrightarrow \text{GPT} + \text{Pyruvate} \\ + \\ \text{I} \\ \updownarrow \text{Ki} \\ \quad \text{GPT} - \text{I} \end{array}$$

While Figs. (47 , 48) show the uncompetitive inhibition by Acetone through the following mechanisms :-

$$\begin{array}{l} \text{GPT} + \alpha\text{-ketoglutarate} \overset{Ks}{\rightleftharpoons} \text{GPT} - \alpha\text{-ketoglutarate} \longrightarrow \text{GPT} + \text{glutamate} \\ \qquad\qquad\qquad\qquad\qquad + \\ \qquad\qquad\qquad\qquad\qquad \text{I} \\ \qquad\qquad\qquad\qquad\qquad \updownarrow \text{Ki} \\ \qquad\qquad \text{GPT} - \text{ketoglutarate} - \text{I} \end{array}$$

K_i values for isoenzyme I, II and III were determined by using the plot log V_i/v - v^i vs. Log (I) (Fig.45 & 46).

(Table 8) shows the K_i values for isoenzymes IV and V and K_i values for isoenzymes I, II and III with respect to DL-alanine and α-ketoglutarate by L-proline & Acetone.

Isoelectric focusing:-

Separation by isoelectric focusing after partial purification was shown in Fig.(5) indicating the difference in the isoelectric points (PI) of the GPT isoenzymes II, III, IV, V the values obtained were (8.6 , 8.55 , 8.7 , 8.75) for isoenzyme II, for isoenzyme III were (4.35 , 4.5 , 4.65) for isoenzyme IV were (4.4 , 4.55 , 4.65 , 4.86, 5.1, 5.25 , 5.35 , 5.5 , 6.65) and for isoenzyme V PI values were (4.7 , 4.8 , 4.86 , 4.95 , 5.1 , 5.25 , 5.4) .

Electrolyte composition (Zn , Cu, Mg , Ca) on GPT isoenzymes I, II, III, IV & V :-

Table (10) shows the concentration of Zn , Mg, Ca and Cu in GPT isoenzymes I, II, III, IV and V expressed in PPm.

Isoenzymes IV contains the highest concentration of these metals, while isoenzymes I, II, III and V contain about the same concentration of these metals.

REFERENCES

1- Kaplan, N.O. (1963) Bacteriol, Rev. 27 , 155.

2- Ortanos, A.P., Gabriel, E.R., and Pragay, D.A.,(1970) Res. Commun chem. Pathol. Pharmacol. 1(2), 266.

3- Segal, H.L., and Matsuzawa, T. (1970) in "Methods in Enzymology" Vol. XVII (A), P. 157. Academic Press, N. Y. London.

4- Rech., J., Crouzet, J. (1974) Biochim. Biophys. Actta 350 (2) , 392 .

5- Fadlallah, Y. G. Thesis MSc. (1977) College of Science Baghdad University.

6- Orlicky, J. Ruscak, M., (1977) Comp. Biochem. Physical. 56 (1 - B), 71.

7- Fahien and Hsu (1976) Arch. Biochem. Biophys. 177(1), 217 - 225 .

8- Lysiak, W., and Pienkowska, V.M., and Szutowicz,A. (1974) J. Neurochem., 22(1), 77-83. Eng.

9- Reitman, S. and Frankel, S.(1957) A Colorimetric method for the determination of serum glutamic oxaloacetic and glutamic pyruvic transaminase, Amer. J. Clin. Pathol. 28 , 56 .

10- Winter, A. Kristina, EK. and Anderson, V. (1977) ; LKB Application Note.

11- Cornish - Bowden, A. (1976) in Principle of enzyme Kinetics, 1st ed., P. 120, Butter worth. London.

12- Dawes, E.A.(1964) in comprehensive Biochemistry (Florkin, M., and Stotz, E.H.) Vol.12, chap. IV, P. 104, Elsevier, Amsterdam.

13- Dixon, M. and Webb, C.E. (1966) in Enzymes, 2nd ed., P.116, Longmens, London.

14- Eisenthal, B. and Cornish-Bowden, A.(1974) A new graphical procedure for estimation enzyme Kinetics parameters, Biochem. J. 139 , 715.

15- Segal, I.H (1975) in Enzyme Kinetics, 1st ed., P.385. John wiely and Sons, New York.

Part (II)

Introduction

مقدمـــــة عامـــــــة : ـ

تصيب طفيليات اللشمانيا الجهاز الشبكي الاندوثيلـــــــي Reticulo Endothelial System ويتـم انتقالها من مضيف فقرى الـى آخر ويكون ذلك مصحوبا بتغيرات فسيولوجية وشكليه ، أما آلية تحـول طفيلـي اللشمانيا فهي غير معروفة لحد الآن (1) ، وقد تعود الى عوامل داخلية أو خارجيـة Intra and/or extra factors كالتغيـرات الطفيفة التي تحصل في تركيـز الاوكسجين ، الرقم الهيدروجيني pH ، المواد الغذائية الضرورية ، درجـة الحرارة أو لعوامـل أخرى تعود للمضيف • يبدى المضيف مقاومة تجاه الطفيلي ويكـون لعمليـة انتـاج الاجسـام المضـادة ضـد الطفيلـي (2) antileishmanial antibody دور ثانـوى للدفاع المناعي والذى يؤيده هو استمرار وجود الطفيليات في المضيف لذلك تكون هذه الظاهرة كأساس للتشخيص المناعـي immuno diagnosis •

تبدأ لشمانيا الاحشاء Visceral Leishmaniasis بالنضج في الخلايـا الـ[illegible]ـة الكبيرة Macrophages فـي الاحشاء الداخليـة العميقة مؤدية الى تضخم الطحال Splenomegaly وتضخم الكبد Hepatomegaly واجتياح واسـع وممتد الى نخاع العظم Bone marrow مالم يسيطر عليه بالعلاج الكيميـاوى فان المرض يؤدى الى الموت (3) •

ان أول من اكتشف طفيلي لشمانيا الاحشـاء هو العالم لشـمان فـي عـام (1903) (2) وجاء العالم دونوفان ايضا وأخذ عينة من كبد طفل (12 سنة)

ولاحظ أجسام الطفيلي فيه ، واطلق العالم نيكول (1908) (3) أسم . Leishmania Infantum على الطفيلي لاصابته الاطفال على الاغلب ،

الكالاازار مرض مزمن واسع الانتشار في انحاء العالم ففي آسيا والهند والصين وايران والعراق وتركيا وسوريا والاردن وفلسطين ولبنان والكويت واليمن وافغانستان وباكستان وتايلند وبرما وبنغلاديش . أما في أفريقيا فينتشر المرض في السودان واثيوبيا وكينيا واوغندا ونيجيريا وزامبيا والمغرب والجزائر وتونس وليبيا ، ويظهر المرض في أوربا في كل من البرتغال واسبانيا وفرنسا وايطاليا ويوغسلافيا وهنغاريا ورومانيا وبلغاريا واليونان وغيرها ، كما ينتشر المرض في العالم الجديد كالارجنتين وبورغواي وبوليفيا وكولومبيا وفنزويلا والسلفادور وكواتيمالا والمكسيك والبرازيل .

أولا : طفيلي اللشمانيا Leishmania Parasite

ينتمي طفيلي وحيد الخلية الى مجموعة السوطيات الدموية Haemo- Flagellates من جنس (4) Leishmania والى العائلة Trypanosomidae وقسم العالم كيرك في عام (1949) الانواع المهمة سريريا الى ثلاث مجاميع : -

آ - Leishmania tropica التي تصيب الجلد فقط .

ب - Leishmania brasiliensis وتصيب الجلد والانسجة المخاطية .

جـ - Leishmania donovani والتي تصيب الانسجة الاندوثيليه .

أما Garnham في عام (1971)[5] فلم يؤيد فكرة تصنيف جنس اللشمانيا حسب الموقع الجغرافي أو الشكل (morphology) وأعتقد بأن التقسيم ربما يعتمد على سلوكية الطفيلي في الحشرة وفي المضيف الفقرى • ثم صنف كل من Shaw و Lainson[6] في عام (1972) الطفيليات على اساس الاختلاف في التوزيع الجغرافي ومدة النمو للطفيلي في الوسط الزرعي وموقع الاصابة التي تواجه المضيف والظواهر السريرية ، مع مراعاة الشكل والكيمياء الحيوية والخواص المناعية لكل ضيف من جنس اللشمانيا • واخيرا جاء العالم Lumsden[7] في عام (1974) وصنف جنس اللشمانيا اعتمادا على اسس الطفيلي الخاصة وهي :

1. Enzyme Variants — الانزيمات المنوعه
2. Enzyme ratios — النسب الانزيمية
3. DNA base composition — التركيب القاعدى للحامض النووى الداى اوكسي رايبوز
4. Physiological differences — الاختلافات الفسيولوجية
5. Immunological Diagnosis — التشخيص المناعي

1 ـ دورة طفيلي اللشمانيا Leishmania Parasite Cycle

يصاحب مرض الكالاازار تغيرات كيميائية مختلفة في خلية الطفيلي والتي اصبحت دراستها من الامور المهمة[13] • يظهر الطفيلي بشكلين : ـ

آ ـ الاماستجوت Amastigote (الشكل الدائرى غير المسوط)

والمسمى ايضا بجسم ليشمان دونوفان Leishman donovan body

ويتكاثر داخل خلايا الجهاز الشبكي الاندوثيلي للمضيف الفقرى .

ب - البروماستجوت Promastigote (الشكل المسوط) ويوجد في الجزء الوسطي والامامي من القناة الهضمية للحشرات المضيفة ذباب الرمل Sand Fly .

ذكر Bray (14) بأن عمليات تحويل الاشكال المختلفة للطفيلي تجرى بعد الاصابة (الاماستجوت) من خلايا الدم البيضاء والتي تمتص من قبل أنثى ذباب الرمل ، ويتحول الاماستجوت في القناة الهضمية الوسطى للحشرة الى البروماستجوت المسوط ، وتبدأ بالتكاثر حتى تصل الى البلعوم بالشكل المسوط وعند لسع الحشرة المصابة لشخص سليم تنتقل الطفيليات المسوطه الى داخل جلد المضيف الفقرى وتتحول في الخلايا العاثية الكبيرة (Macrophages) الى الاماستجوت ثانية ، وتبدأ بالتكاثر حتى تنفجر الخلية وتتحرر الطفيليات ، ومن ثم يهاجم الاماستجوت الخلايا الشبكية الاندوثيلية في الكبد والطحال ونخاع العظم ، وهناك وسائل أخرى نادرة لانتقال المرض مثل الانتقال الولادى أو عند أجراء عملية نقل الدم من شخص مصاب الى آخر سليم . والحشرة التي تنقل العدوى للانسان فيطلق عليها Phlebotomus Papatasi .

المضيف الوسطي الناقل والخازن للطفيلي : -

رغم الدراسات الكثيرة التي قام الباحثون بها فلازلنا نجهل معرفة الخازن أو المستودع للمرض وكذلك مصدر العدوى الرئيسي (15) حيث بدأنا نشك بوجوده وربما يكون الانسان نفسه هو مصدر العدوى ، وقد اعتقد في عام (1956)

ان حشرة ذباب الرمل تقوم بدور المضيف الوسطي الناقل نظرا لوجودها بكثافة عالية في مناطق انتشار المرض[33] ، ولم يتم اثبات ذلك بشكل قاطع نظرا لعدم استطاعة الباحثين عزل الطفيلي من هذه الحشرة[20] . وقد أستنتج Sukkar في (1978)[15] المعلومات التالية : -

1 - ان الباباتاسي Papatasi هي النوع الناقل للمرض على الاغلب .

2 - تتكاثر الباباتاسي في ثغور الحيوانات .

3 - تستقر الباباتاسي Papatasi على الجدران الداخلية وربما في محلات أخرى .

4 - ان موسم انتشار العدوى هو النصف الاخير من شهر آب وأيلول وذكر Bray في (1974)[31] ان الكلب هو الخازن الرئيسي لطفيليات المرض ، لكن الجهود التي بذلت على هذه النتيجة لم تكن مجدية في العراق ، وقد أستطاع El-Adhami[32] في عام (1976) ان يعزل الطفيلي من القط .

2 - المسح الوبائي لمرض الكالاازار في العراق :

Epidemiological Survey of Kalaazar in Iraq :

يتمركز مرض الكالاازار في المناطق القريبة من بغداد بصورة اكبر من بقية المناطق في العراق[16] ، ووضح كل من[18] Rahim و Tatar كون الكالاازار من الامراض المهلكة للاطفال وهو موجود في العراق ويتزايد مستمر[17] . بدأ عدد اصابات الكالاازار المشخصة بالازدياد

بسرعة كبيرة خلال الاثنى عشر سنة الاخيرة ، ولم يعرف بالضبط سبب هذه الزيادة الفجائية ، هل هي بسبب كفاءة اكبر في التشخيص ، أم بسبب زيادة فعليه في عدد الاصابات أم لكلا السببين (18) . يقدر عدد الاصابات الفعلية بمرض الكالاازار الى اكثر من خمسة الآف حالة مرضية سنويا بعضهم لاتتجاوز اعمارهم السنة الاولى وتنتشر الاصابة في ضواحي بغداد وارياف المنطقة الوسطى ، أما الحالات المسجلة رسميا فأقل عددا ويعود الى عدة أسباب منها درجة دقة التشخيص والاحصائيات الوبائية (19), (20) .

وأصبح من الواضح الآن ان مرض الكالاازار واسع الانتشار في العراق رغم ان عدد الحالات متفاوت بسبب الظروف الجوية المناخية وغيرها من الظروف التي تؤثر على انتشار المرض .

3 ـ الصفات الوبائية للمرض في العراق :

Epidemiological Features of Kala- azar in Iraq

ندرج فيما يلي بعض هذه الصفات كالعمر ، الجنس ، وقت الاصابة، مناطق انتشار المرض ، المضيف الوسطي الناقل ، والمضيف الوسطي الخازن للمرض :

1 ـ العمر :

يصيب مرض الكالاازار اعتياديا الاطفال في العراق مادون عمر السابعة بنسبة 99% (21) وتتركز الاصابة بالمرض في السنة الاولى

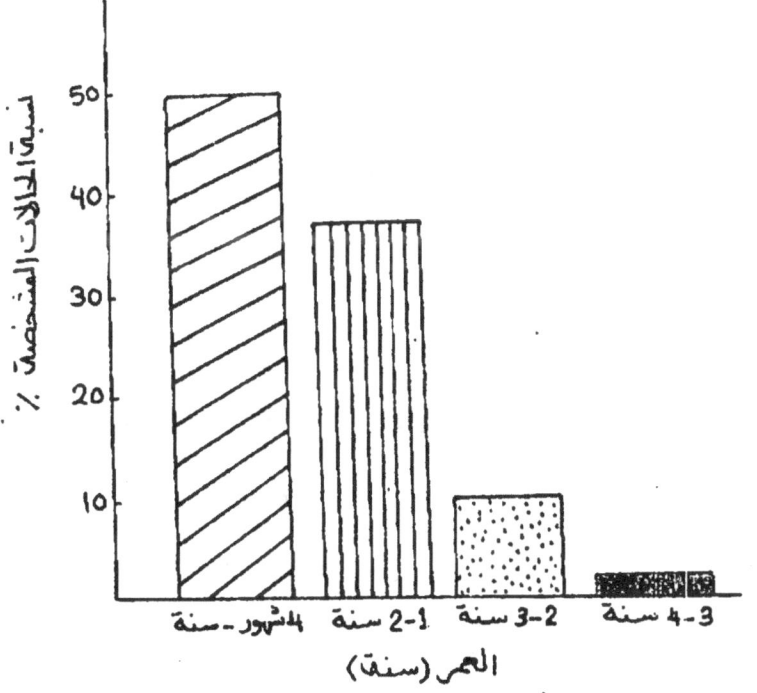

شكل 1. التوزيع النسبي للاصابات حسب العمر.

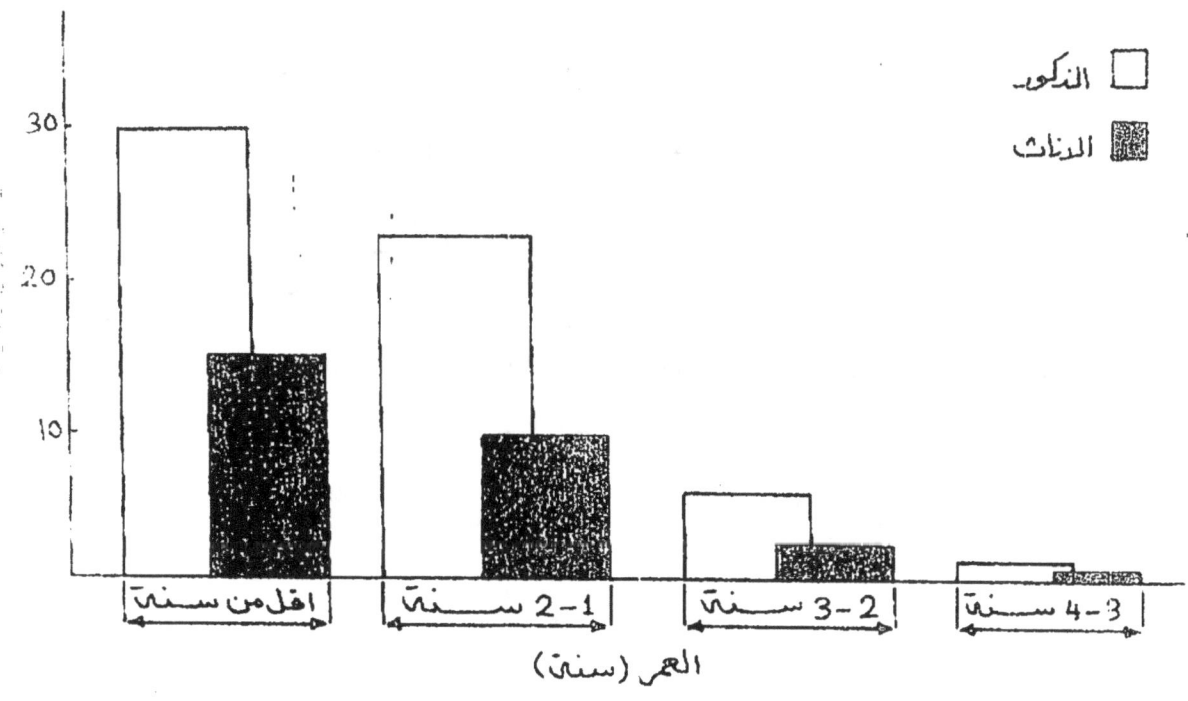

شكل 2. توزيع حالات الاصابة بالكالازار تبعا للجنس والعمر.

من عمر الطفل وتشمل حوالـي 45%[18] من المجمـوع الكلي ونادرا ماتظهـــر في البالغيـــن[22],[23] ٠

2 ـ الجنـــــــس :

ان نسبة اصابة الذكور الى الاناث بالكالاازار[18] (1: 1.5) بينمـــا النسـبة التي ذكرها Taj- Eldin[25] هي (1:1.8) كما أيدت هذه الاحصائيات النتائـج التي حصل Al- Mudhaffar و Rassam M.[26] في عـام (1979) بفحص (89) حالة مرضية كانت اعمار نصفهـــم تقريبـا أقل من سنة ، واحتمالية الاصا بة بالكالاازار تنقص بازد ياد العمـر ، ولم تسجل أى اصابة بهذا المرض بعمر يبلغ اكثر من أربـع ســـنوات (شـكل ـ 1) ٠ وتوءكد كذلك نسـبة اصابة الذكور الى الاناث بأزد ياد الحسـاسـية للطفيلي[22] من قبل الذكور اكثر منـه في الانـاث ولازالـــت الاسـباب لتوضيح ذلك مبهمـه (شـكل ـ 2) ٠

3 ـ الاصابة حسـب أشهر السـنة :

يزداد عـدد الاصابات المشـخصة بالكالاازار في شـهرى كانـــون الاول[13] واذار بينما تقل في بقية اشهر السـنة وخاصة في الصيف ، وذكـــــر Nouri[18] و Al- Jeboori[19] ان نسـبة الاصابة تزداد في كانون الثانـي وكانون الاول وشـباط واذار ٠

تبلغ ذروة انتشار حشرات ذباب الرمل كثافتها في شهر أيلـــول ،

ولو أخذنا بنظر الاعتبار مدة حضانة المرض والتي تبلغ 3 ـ 6 شـهور لوجدناها مطابقة للتوزيع الوبائي للمرض خلال أشهر السنة .

4 ـ مناطق توزيع الاصابات في العراق :

دلت الاحصائيات الى ان منشأ معظم حالات الكالاازار في العراق من المناطق المحيطة بمدينة بغداد بحوالي 200 كلم من مركز بغداد مثل المحمودية ، اللطيفية ، العزيزية ، سلمان باك ، الراشدية ، اليوسفية ، وان 50% من هذه الحالات هي في منطقة تبعد 50 كلم عن بغداد[13] [26] . أما في المحافظات الاخرى فتأتي حسب التسلسل الآتي : نسبة الى عدد الاصابات : واسط ، بابل ، القادسية ، ذي قار ، ديالى ، الانبار ، المثنى ، البصرة ، ميسان[15] .

وبذلك تدل الاحصائيات التي تمثل حالات الكالاازار المسجلة ، ان عدد الاصابات يكثر في محافظات المنطقة الوسطى وتقل في محافظات المنطقتين الجنوبية والشمالية .

آ ـ وفيما يلي نماذج من هذه الاحصائيات ، يمثل النموذج الاول الاصابات موزعة على المحافظات لسنة (1975) : ـ

بغداد	واسط	ديالى	القادسية	الانبار	ذي قار
27	88	23	74	16	35

بابل	المثنى	ميسان	البصرة	اربيل	كربلاء	المجموع
76	4	1	2	1	1	528

ب ـ النموذج الثاني من الاحصائيات يمثل حالات الكالاازار موزعة حسب الاعمار لسنة 1975 .

الاصابات موزعة حسب العمر :

السنة الاولى	الثانية	الثالثة	الرابعة فما فوق	المجموع
217	176	61	74	528

جـ ـ النموذج الثالث يمثل نسبة التوزيع للاصابات حسب الجنس :

ذكر	انثى	المجموع
314	214	528

د ـ الجدول التالي يمثل الاصابات بالكالاازار موزعة حسب أشهر السنة :

ك٢	شباط	اذار	نيسان	ايار	حزيران	تموز	آب	أيلول	ت١
94	69	83	74	43	27	22	19	13	9

ت ٢	ك١	المجموع
26	49	528

هـ ـ نتائج العلاج بالدواء النوعي بنتوستام :

شفاء أو تحسن	وفاة	لم يكمل العلاج	المجموع
397	42	89	528

ثانيا : مـرض الكالاازار : Kala- azar Disease

يسمى بالعراق بالحمى السوداء وتتفاوت صفاته الوبائية والمرضية بأختلاف المنطقة الجغرافية ومرض الكالاازار مزمن تسببه طفيليات اللشمانيا دونوفاني Leishmania Donovani والتي تهاجم الجهاز الشبكي الاندوثيلي Reticulo endothelial system

آ ـ الاعراض السريرية Clinical Manifestations of Kala-azar

وتقدر فترة الحضانة بين وقت الاصابة بالمرض الى ظهور الاعراض بين 3 ـ 6 شهور وقد تمتد الى سنتين (35),(36) وتتصف معظم (34) حالات الكالاازار بحمى عالية مزمنة وغير منتظمة (4 أيام ـ 18 شهرا) (18) يرافقها انتفاخ تدريجي للبطن لتضخم الطحال والكبد والغدد (25) اللمفاوية مع شحوب وضعف في الشهية وتظهر على المصاب أعراض فقر الدم الشديد ونقص في كريات الدم الحمراء والبيضاء ، مع (35), (36) انخفاض في قدرة المريض المناعية مما يسهل اصابته بأمراض أخرى كالسل والتهاب القصبات والامعاء .

ب ـ تشخيص مرض الكالاازار Diagnosis of Kala-azar

تستخدم مختلف الطرق لتشخيص الكالاازار : ـ

1 ـ طرق غير مناعية Non-Immunological methods

وتشمل الفحص المجهري المباشر لمشاهدة اجسام دونوفان Leishman donovan bodies في مسحة

الدم أو في احدى عينات الانسجة المصابة والتي يتم الحصول عليها من بزل (35) (Punoturo) كل من الكبد ، الطحال ، نخاع العظم ، وبالرغم من ان عملية بزل العظام هي الاكثر شيوعا في المستشفيات الا انها لايمكن الاعتماد عليها كليا كأداة تشخيصية قاطعة كما ذكر Cahill (38) .

أما عملية فحص الدم فتتم بوضع مسحة الدم على شريحة زجاجية وصبغها بأحدى صبغات رومانوفسكي وبعد ذلك يتم فحصها تحت المجهر ، الا ان هذه الطريقة غالبا ماتعطى نتائج سلبية . أو زرع العينة في احدى الاوساط الزرعية مثل وسط N. N. N (Nicolle, Novy, Noneil) وتعطي هذه الطريقة نتائج موجبة بعد اسبوع الى أربعة اسابيع من بدء الحضن . أو يستدل لوجود أجسام دونوفان من حقن عينة الدم في حيوان الهامستر الذهبي ثم فحص طحاله وكبده ، ومن مساوىء هذه الطريقة انها تعطي النتائج الموجبة بعد شهر وستة شهور .

نلاحظ ان الطرق غير المناعية الانفة الذكر لاتملك الخصوصية الكافية لتكون اداة تشخيصية فعاله ، اضافة الى ان الاسلوب المتبع وخاصة في المستشفيات العراقية في عملية البزل لاتتوفر معها العناية الكافية للمحافظة على عدم تلوث العينات كما ذكر Sukkar (39) عام (1976c) . كما وجدت Al-Shenawi (54) في عام (1975) ان بين (95) حالة مشخصة سريريا بالكالاازار ان النتيجة الموجبة لبزل العظام Bone marrow puncture كانت لـ (79) فقط أى النسبة 83% .

2 ـ طـرق مناعيــــة : Immunologic Techniques

تعتمد على ارتفاع تركيز الكلوبيولين في دم المصاب أوعلى ظهــور
الاجسام المضادة للشمانيا Anti- Leishmanial Antibody (40),(30),(27)
في مصول المرضى حيث يرتفع مستوى Immunoglobulin فـي
المصاب بلشمانيا الاحشاء Visceral Leishmaniasis وخصوصا
IgG تزداد بحدة وتركيزها يشكل نصف تركيز البروتين في المصل ، وهذه (41)
القاعدة أعتمد عليها كل من Napier (42) عام (1922) و Henry (43)
في عام (1953) في تشخيص الكالاازار .

التحليلات المختبرية المناعية لمصل دم المصابين بالكالازار : ـ

I ـ اختبار تثبيت الكومبلمنت Complement Fixation Test (CFT)

وقد كان هذا الاختبار الاكثر اعتمادا في السابق لتشخيص لشمانيا (5)
الاحشاء وكانت تستخدم كأحدى الطرق المعتمد عليها ، والذى حدد (45)
من أهميتها ، ان هذا الاختبار يعطي نتائج ايجابية لامراض أخرى خصوصا
السل أو التدرن Tuberculosis والجذام Lepromatous
Leprosy والرئة الحمضية Eosinophilic Lung والغطاء
الشعي actinomycosis والذاب الحمامي
Lupus erythematosus .

II - اختبـار التلازن الدمـوى الغيرالمباشـــــر :

The Indirect Hemagglutination (IHA)

ويعتبر Cascio عـام (1963) أول من اسـتخدم هـــذه[47] الطريقة وحصل على نتائج موجبـة من مصول لكلاب مصابة بالكالاازار ، وطبقـت هذه الطريقة وبنجاح كل من Lainson و Bray (1967)[48] علـى الانسـان المصاب بالكالاازار ، وقد كانت نتائج كل (3) حالات من أصـل (9) سـالبة وتوصل Mukherjee (1968)[44] الى ان هذا الاختبـار يعطي نتيجـة موجبـة الحالات المرضية والتي مـر عليها وقت طويل وهي مصابـة بالكالاازار وبذلك تكون متقدمـة في مسـتوى المـرض ·

III- اختبـار الاسـتشـعاع المباشـر للاجسـام المضـادة :

The Fluorescent Antibody Test (FAT)

اختبار الاسـتشـعاع المباشـر للاجسـام المضادة ذوحسا سـية كبيـرة لتشـخيص الكالاازار[24] Voller و Shaw[49] في عام (1964) ·

يبدأ مسـتوى FAT اعتياديا بالانخفاض خلال المعالجة ، لكن قـد يبقـى عيـاره (FAT titer) عـال حتى لعدة سـنوات بعد الشـفاء من مـرض الكالاازار ، لذلك لا يعني اختبار FAT الموجب بالضـــــرورة[40] اصابـة المريـض الآنية بالكـالاازار ·

IV - اختبار الانتشار المناعي الاوكترلوتي :

Ouchterlony gel diffusion test :-

لازالت المعلومات بهذا الخصوص قليلة كما ذكر doble[51] في عام (1970) ودرجة الخصوصية للاختبارات السريولوجية مبهمة وموضع تساؤلات عديدة .

V - اختبار الهجرة المناعية : Immuno electrophoresis (IEP)

أكد Bray[50]، [52] عام (1973) على أهمية اختبار IEP كطريقة ناجحة لتشخيص لشمانيا الاحشاء .

VI - اختبار الهجرة المناعية ضد التيار : (CIEP)

Counter - Current Immunoelectrophoresis test

أثبت Barbora[37] عام (1973) أهمية هذا الاختبار لكونه ذو خصوصية وحساسية كبيرتين بالاضافة لكونها طريقة عملية جدا ورخيصة ، وكانت النتائج الموجبة 96،6%.

VII - اختبار الامتصاص المناعي المرتبط بالانزيم : (ELisa)

Enzyme Linked immunosorbent assay

يطبق هذا الاختبار بنجاح على مدى واسع من التشخيص السيرولوجي لأمراض مختلفة ، ولم تكن تستخدم لتشخيص لشمانيا الاحشاء الى أن

أثبت Hommel [53] عام (1977) فائدتها لتشخيص الكالازار كوسيلة حساسية ، اقتصادية وسهله التعامل كأداة للتطبيق التشخيصي الروتيني وخاصة بالمستشفيات .

أثبت عمليا ان طريقة Elisa اكثر حساسية من FAT أو اختبار الانتشار المناعي الاكترلوتي .

ماعدا CFT [57] فان أغلب هذه الاختبارات المذكورة تحتاج لتوحيد القياس Standarization ولتقييم النتائج التي يحصل عليها لتكون اكثر ملائمة للتطبيق الروتيني ومنعا للتفاعلات العرضية Cross reactions ان طريقة FAT هي المتبعة حاليا في المستشفيات العراقية وبين Latif [55] عام (1979) ان هذه الطريقة حساسة بنسبة 55.5% وتستخدم كوسيلة تشخيصية روتينية ، ولايوجد تقارير توضح مدى كفاءتها مقارنة ببقية الاختبارات .

وضحت الدراسات التي قام بها Rassam M., Al-Mudhaffar عام (1979) الفروق بين هذه الانواع الاختبارية المختلفة ، كما وضحت [26] ايجابية وسلبية كل طريقة ومقارنتها فيما بينها آخذين بنظر الاعتبار وجوب التوصل طريقة تشخيصية يمكن الاعتماد عليها مختبريا وبصورة قاطعة مع تلافي النقاط التالية :ـ

1 ـ نظرا لان عملية بزل العظام bone marrow aspiration تكون مؤلمة للطفل فانها تكون مشكلة للطبيب المعالج والذى يحتاج لأساليب تقنيه عالية لمنع حدوث أى تلوث خلال عملية البزل والتي ستغاير النتيجة .

2 ـ ظهور الطفيليات بين 4 ـ 19 يوم من بدء الاصابة وزرع العينه وفي هذه الفترة يكون المريض في أشد الحاجة للتشخيص والعلاج السريعين ٠

أما نتائج كفاءة هذه البحوث فهي كما يلي :

1 ـ اختبار IEP ذو خصوصية عالية والفترة التي يحتاجها أقل في عملية الزرع وأى حالة مرضية يمكن الاستقصاء عنها بعد 24 ساعة ٠ ومن سلبيات هذه الطريقة هو حساسيتها الواطئة للتراكيز القليلة للطفيلي والمصل (56) يجب ان يركز الى ثلاث مرات كي نحصل على كفاءة أعلى ٠

2 ـ اختبار الانتشار المناعي Gel diffusion أقل حساسية من IEP لصعوبة تمييز خطوط الراسب من بين البروتين الغير المترسب ٠

3 ـ CIEP اكثر حساسية عشر مرات من Gel diffusion , IEP وهي مستخدمة لتشخيص الكالاازار في ايران (40) وفي ايطاليا (58) ٠

4 ـ مايكرو Elisa هي أفضل طريقة من ناحية التقنيه والسهولة واكثر حساسية بحوالي 5 ـ 10 مرات من CIEP و 100 مرة اكثر حساسية من IEP (26),(53) والتشخيص ممكن خلال 24 ساعة وبكفاءة عالية للاستخدام الروتيني ٠

جـ ـ <u>علاج الكالاازار :</u> Kala - azar Treatment

تكون غالبية المرضى المصابين بالكالاازار حالتهم الصحية متدهورة ، لذلك يجب العناية بأعطاء المريض غذاء عالي البروتين والفيتامينات ليكافح

ويقاوم الالتهابات الثانوية في القصبات أو الامعاء وذلك بعد التأكد من عدم امكانية حدوث مضاعفات تصاحب المرض[59] ٠

وتحتاج الادوية المستعملة لمعالجة مرض الكالازار في الوقت الحاضر لتكرار العلاج أو قد يستلزم الامر لاعطاء علاج آخر ، وقد تصاحب المعالجة آثار سمية عرضية ، وعليه يجب أجراء مزيد من البحوث حول الادوية المستخدمة في علاج مرض الكالازار وذلك بتقييم مقدار تجاوب المريض وامكانية تحسين المركبات المستخدمة في الوقت الحاضر خاصة مركبات القصدير الخماسية التكافوء ، والبحث عن أدوية جديدة تعمل ضد الطفيلي بفعالية كبيرة من دون التأثير على أنسجة الجسم ٠ ومن الادوية المضادة للطفيلي Anti Leishmanial drugs :-

1 – مركبات القصدير الثلاثي التكافوء : Trivalent antimonials

وتستعمل في الهند للمعالجة وتسمى بدواء المعجزة[3] "miraole drug"

ومنها ترترات البوتاسيوم القصديرية antimony-Potassium tartarate

وقد أوقف استعمال هذه الادوية لاثارها السمية ٠

2 – مركبات القصدير الخماسي التكافوء : Pentavalent antimonials

ومنها Sodium Stiboglucnate أو يسمى Sodium antimony V gluoonate والمعروف ايضا Pentostam ويستعمل هذا المركب في العراق بنجاح[25] ويمتاز بأمكانية اعطاءه بجرعة اكبر من المركبات الثلاثية وكذلك بطئ تحرره في مجرى الدم من مكان زرقة في الوريد[133] ٠ وادوية أخرى أقل استعمالا هي خماسية التكافوء ايضا مثل Urea stibamine , neostibosan, glucantime

- مركبات الدايا ميدني ارماتيك : Diaromatic Diamidines

منها Pentamidine isethionate, Stilbamine isethionate

وتستعمل في السودان لعلاج الكالاازار للحالات التي فشلت

مركبات القصدير في علاجها • لكن نظرا لمضاعفاتها الخطيرة فقد حدد

استعمالها بالوقت الحاضر ، حيث وجد Lainson و Zuckerman (3)

عام (1977) ن 90% من المرضى المتعاطين لهذه الادوية تتطور

حالتهم المرضية الى عوارض علات عصبية neuropathological signs

علة عصبية في العصب المثلث القوائم (العصب الخامس)

trigeminal neuropathyl ومرض السكرى Diabetis

والتهاب الاعصاب المتعددة Polyneuritis •

4 - المضادات الحيوية : Antibiotics

تستعمل احيانا مادة Amphotereoin B لعلاج بعض حالات

الكالاازار المستعصية ، ولهذه المركبات آثار سمية خطيرة خاصة على الكلى • (72)

سلوكية هذه الادوية على الطفيلي لازالت مجهولة لشحة المعلومات عن

الكيمياء الحياتية للطفيلي •

في الفترة الاخيرة بدأت الدراسات الهادفة لإيجاد لقاح واقي

يعمل ضد الطفيلي بأستعمال نظائره أو بأستعمال كائنات مختلفة أخرى • (60)

توصل كل من Proietti, Ilgrdi (1976) لنتائجهم

على الهامستر ، بأن هذه الحيوانات تكتسب مناعة ضد الاصابة بطفيليات

لشمانيا دونوفاني من خلال تلقيحها على جرعات تختلف بالمدة (132) الزمنية فيما بينها .

دلت البحوث التي قام بها كل من Jay & Herman (1978) عند حقن مادة (Cy) Cyclophosphamide بجرعة مقدارها (125-200 mg body kg) في الفئران بيوم قبل اصابته بلشمانيا دونوفاني ، فانه سيؤدي الى نقص واضح في عدد الطفيليات التي تصيب الطحال والكبد والسبب ان مادة Cy تقلل من نمو الاماستجوت (91) .

عند دمج العلاج Pentostam مع Liposomes (جسيمات دهنية) المستخلصة من egg lecithin أو الكولسترول Cholesterol أو من phosphatadic acid ، فنحصل على علاج جديد اكثر فعالية وبكفاءة اكثر من البنتوستام لوحده (134) بحوالي (200) مرة .

ثالثا : الكالاازار والكيمياء الحياتية :

Kala-azar and Biochemistry

عند دراسة دور الكيمياء الحياتية لمرض الكالاازار يجب التطرق في مجالي : آ - الطفيلي والكيمياء الحياتية ، ب - المريض والكيمياء الحياتية .

آ ـ طفيلي اللشمانيا دونوفاني (L.D) والكيمياء الحياتية :

Leishmania Donovani Parasite and Biochemistry

يمكن تقسيم البحوث الكيمياوية الحياتية المتعلقة بالطفيلي الى :

1 ـ ظروف تحول الاماستجوت الى البروماستجوت :

Transformation of Amastigotes to Promastigotes

آ ـ تتحول لشمانيا دونوفاني (62) (L.D) في الوسط الزرعي خلال 20 ـ 40 ساعة في درجة 27 مْ . عند عدم وجود نشاط انشطار خلوي (90) وتعتمد سرعة ومدى التحول (60) على توفر المواد الغذائية الضرورية للنمو من الاحماض الامينية الكلوكوز أو السكروز ، (61) وكذلك أمكن الحصول على الاماستجوت في درجة 24 مْ . (68)

ب ـ نحصل على تلازن للبروماستجوت Promastigote agglutination عند حضنها في درجة 56 مْ لمدة 30 دقيقة مع الحفاظ على نشاطها ثابتا ، ولكن بوجود مادة 2- mercaptophenol وبدرجة 56 مْ فيؤدي الى تحلل البروماستجوت مع فقدان (64) ظاهرة التلازن .

جـ ـ ان عملية التحول تثبط باضافة مستخلص لطحال الهامستر (29) الى الوسط الزرعي أو باضافة خلايا لمفيه Lymphocytes للانسان .

2 ـ النشـــاط التنفسـي للطفيلــي :

Respiratory activity of the Parasite

أ ـ تظهر اللشمانيا دونوفاني انخفاضا في سرعة التنفس في الساعات الاولـى من بدء الاصابة لخلايا الكبد أى بين 3 ـ 6 ساعات ، حيـث يقل استهلاك الاوكسجين من قبل الطفيليات ويعزى السبب لموت خلايا المضيف في حالة اصابتها (70) ، ومع تقدم المرض لم تسـجل الدراسات أى زيادة في سرعة التنفس للطفيلي أو استعادة نشاطها التنفسي ٠

ب ـ اثبت زيادة في التنفس عند انتقال الطفيلي من دور الاماستجوت الى دور البروماستجوت (73),(56) ، وتزداد بأرتفاع درجة الحرارة وتبلغ ذروتهـا في درجة 37 مْ ٠

جـ ـ مثبطات ومحفزات الفعالية التنفسيه : تثبط العمليات التنفسية في لشمانيا دونوفاني وتكون حساسـة جدا للمركبـات Antimycin A, KCN Ee-crytal (63) وتـزداد الفعاليـة التنفسية بوجود Mitomycin , Puromycin , Actinomycin D (74) كما يحفز ال Proline على أخذ الاوكسجين من قبل البروماستجوت عن طريق تحويل ال Proline الى Glutamate ويعتبـر الكلوكـوز مادة أساسيه تزيد من استهلاك الطفيلي للاوكسجين حوالـي 6 مرات ٠

3 ـ دراسات أنزيميه في الطفيلي :

Enzymatic Studies in the Parasite

تتركز الدراسات لتبين الاختلافات الانزيمية بين الانواع المختلفة لجنس الليشمانيا وتعتبر من المراجع الرئيسية والتي يعتمد عليها في التصنيف.

آ ـ توصل كل من Chance (9) عام (1974) و Brazir (10) في (1978) لتشخيص ومعرفة ستة أنواع مختلفة من أنزيم (PGM) Phosphoglucomutase عائدة للشمانيا دونوفاني.

ب ـ Al-Taqi و Evans (11) توصلا لمعرفة وجود (7) أنزيمات أخرى بأستعمال الهجرة الكهربائية لطبقة النشاء الهلامية الرقيقة (Thin - layer starch gol electrophoresis) وهي :-

, (GPT) alenine aminotransferase, (GOT) Oxaloacetate aminotransforase
, Glucose -6- phosphata dehydrogenase, (GPI) glucose phosphate isomerase
.(PGM) Phosphoglucomutase, (ME) Malic enzyme

جـ ـ تم دراسة أربعة أنزيمات من النوع المؤكسد والمختزل ، أما الانزيم Sucrase الذى تم ملاحظته في الطفيلي (75)، (76) فقد وجد ان له رقم هيدروجيني امثل قدره (7.1 - 8.0) ، وقيمة Km مقدارها (5×10^{-3}) M و Q_{10} تساوى (2) وان هذا الانزيم يبقى محافظا على نشاطه حتى درجة 44 م° (77).

د ـ نشاط أنزيم الفوسـفاتيز الحامضي acid phosphatase يكـون ذروتـه في المنطقة المحيطة بالنواة في لشمانيا دونوفانـــــــي (78) ، أما المايتوكوندريـا أو السـوط فلايحتويان على أى نشاط لهذا الانزيم .

4 ـ دراسـات المركبات الكربوهيدراتية والشـحمية والبروتينيـــة :

Carbohydrates, Lipids and Proteins Compounds Studies

آ ـ توصل كل مـن Decker و Honigberg (12) عام (1978) لمعرفة ان طفيلي L.D يسـتهلك مركبات glycoproteins الموجودة بالوسـط الغذائي التنموى ، ومن قبل الاماسـتجوت أيضا (الشـكل الدائرى غير المسـوط) الموجود في الهامسـتر المحقـون .

ب ـ تحتاج L.D الكلوكوز بدرجة كبيرة لنموها ، والسـكروز بالدرجـة الثانية (79) . وتم معرفة عدد لا بأس بـه من المركبات السـكرية الفوسـفاتية وبعض السـكريات المتعددة الموجـودة في الطفيلـي (77) .

جـ ـ دلت البحوث على احتواء طفيلي الاحشـاء على مركبات الـ Sterol والتي أمكن عزلها ومنها Ergesterol 5,7- diene , كما يحتـوى على الكولسـترول Cholesterol بصـورة كبيرة في الطفيلي (65) .

د ـ تستهلك L.D (80) (13) حامض أميني وتستغني بهم عن بقية الحوامض الامينية • والتدرج التنازلي لاحتياجها كالآتي :

, Sorine , Leucine , Proline , Glutamic acid

, Isoleucine , Lysine , Arginine, Threonine, Methionine

L.D ولا تحتاج • Phenylalanine, Tryptophan, Cysteine, Valine

الى Tyrosine ابدا •

5 ـ دراسات الحامض النووى الرايبوزى والحامض النووى الداى اوكسي رايبوز : ـ

Ribose nucleic acid and Deoxyribose nucleic acid studies

آ ـ استعمل كل من Janory و Bhattacharya المواد (66) المشعة لتتبع علاقة التبادل الجزيئي بين الطفيلي وخلايا المضيف وتوصلا الى نتيجتين : ـ

1 ـ تخلف المواد المشعة وتكوم (deposit) في خلايا المضيف وبذلك لايمكن الاستفادة منها تجريبيا •

2 ـ عند استعمال مواد أخرى مثل Uridine $6-{}^{3}H$ وانزيم RNA ase دلت التجارب بأن الطفيلي بأستطاعته تركيب DNA الخاص به من محتوى ال RNA في خلايا المضيف •

ب ـ الدرجة الحرارية المثلى لنمو طفيليات اللشمانيا دونوفاني هي 22 مْ ، وعند رفعها (69) 37 مْ فان عمليات التمثيل الحيوى ل RNA ستقل

وبذلك سيثبط استهلاك ال Uracil بصورة كبيرة ، لكن فعالية أنزيم RNA Polymerase تبقى غير متأثرة .

جـ - استطاع Chance (8) عام (1977) ان يحسب كثافة DNA العائدة الى L.D الهندية (Indian *Leishmania donovani*) والتي تبلغ 1.707 غم/ مل وبذلك تختلف عن كثافة DNA الموجودة في قبرص وفرنسا واثيوبيا وشرق أفريقيا والبالغ كثافتها 1.704 غم/ مل .

6 - **بحوث الكترونية ميكروسكوبية : -**

دلت هذه البحوث على وجود الجسيمات الحالة (67) (Lysosomes) في لشمانيا دونوفاني والتي يتراوح حجمها (0.45 X 0.6) مايكرون - (0.85 X 0.6) مايكرون .

انتاج عامل الافراز Production of the Excretion Factor

يحتوى عامل الافراز للشمانيا دونوفان Leishmania donovan على (71) : آ - بروتينات ذات وزن جزيئي عالي ، ب - بروتينات ذات وزن جزيئي واطئ مرتبطة ب RNA و جـ - أحماض أمينية حرة ، د - كلوكوز . ويقاس عامل الافراز بعد الهدم الذى يحدث للبروماستجوت عندما تنمى في وسط زرعي قياسي ، وان مادة Stibophen تثبط طرح عامل الافراز .

ب ـ الكيمياء الحياتية والمريض :

Biochemistry and the Patient

تهاجم طفيليات ال Leishmania donovani أجهزة حيوية مختلفة في جسم الانسان وتتكاثر فيها كالكبد والطحال ونخاع العظم مؤدية لحدوث تغيرات كيميائية حياتية تؤثر على سير العمليات الحياتية الطبيعية في هذه الاحشاء المصابة حينئذ ينعكس أثرها على الجسم كله ويمكن توضيح مدى أثر الطفيلي على الخلايا المختلفة ورد فعل هذه الخلايا تجاه الطفيلي من دراسة هذه التغيرات الكيمياوية الحياتية في السوائل البيولوجية وفي الاعضاء نفسها ، اضافة الى الفوائد التشخيصية والعلاجية والتي يمكن الحصول عليها من هذه الدراسات ، وبالرغم من الانتشار الواسع لمرض الكالاازار في العالم الآ انه لاتتوفر معلومات كافية توضح التغييرات الكيمياوية الحيوية لمختلف السوائل البيولوجية للاشخاص المصابين بالكالاازار .

وعند تشخيص الكالاازار يجب التأكد من عدم الاصابة الثانوية بالسل الرئوى Pulmonary Tuberculosis لانه عند المعالجة بالمركبات القصديرية فانها ستؤدى الى نتيجة عكسية بتنشيطها لمرض السل الرئوى (141) .

وندرج أدناه مسحا عاما لهذه التغييرات :

1 ـ بروتينات مصل الدم : Serum Proteins

اشار Al- Mudhaffar و Al- Saffar (135) الى ان تركيز البروتينات الكلية في مصل دم الاطفال المصابين بالكالاازار قد

أنخفض في 80% من الحالات المدروسة ، حيث بلغ تركيزه في الاطفال الاصحاء 8.16 غم% بينما في حالات الكالاازار 6.6 غم% ، اضافة الى ذلك فقد وجد انخفاض في تركيز Albumin وبلغ نصف التركيز الموجود في الاطفال الاصحاء ، أما تراكيز كل من globulin - γ و globulin -∝ فقد أرتفعت بصورة طفيفة .

وقام كل من Taj - Eldin و Nouri بقياس تركيز البروتينات الكلية في مصل الدم للاطفال المصابين بأستعمال طريقة Biuret (25) , وكان التركيز منخفضا في 71% من الحالات المرضية مع وجود ارتفاع كبير في تركيز Globulin وانخفاض في تركيز Albumin (تم القياس بواسطة طريقة الهجرة الكهربائية) .

وجد ان مستوى globulin - γ يبقى مرتفعا في مصل أشخاص كانوا مصابين بالكالاازار وتم شفاؤهم ، حيث قيس التركيز بعد عدة أسابيع من العلاج والشفاء (142) .

قام Weisinger (1978) ببحوثاته على مصابة (عمرها 19 سنة) بالكالاازار وأوضحت التحاليل احتواء البول على بروتين (Protein uria) و (Microhemato uria) مع وجود الخلايا الحمراء الاسطوانية (red cells casts) واختفت هذه الظواهر بعد المعالجة (145) .

في تركيا ظهر هناك أرتفاعا في تركيز globulin - γ في مصل دم (35) شخص من مجموع (45) مصاب بالكالاازار (83) ، أما في

الهند فقد قيس[137] مستوى البروتينات في مصل دم المصاب ووجد ارتفاعا في تركيز البروتينات الكلية وانخفاضا كبيرا في تركيز Albumin مع ارتفاع في تركيز Globulin .

وقام Pampigloine[143] (1975) بدراسة (40) حالة كانت قد أصيبت بالكالازار وشفيت قبل 3 ـ 10 سنوات ووجد في 85% من مصول هؤلاء المتعافين خلل في بروتينات الدم[144] Dysproteinaemia (كانت فترة الشفاء تتراوح بين 2 ـ 7 سنوات) حيث وجد استمرار ارتفاع في تركيز IgG و IgM في حين يبقى IgA طبيعيا ، وان استمرار الخلل والارتفاع في البروتينات تعتبر ظاهرة محيرة .

2 ـ التغييرات في صورة الدم : Blood Picture Changes

ان فقر الدم A nemia ظاهرة على أغلبية المصابين[146] بلشمانيا الاحشاء ويتصف بكريات حمراء سوية وكريات سوية الصبغة Normocytic Normochromic مع تفاوت الكريات الواضح Anisocytosis مصحوبة بقلة الكريات البيض الحاد Lecucopenia واحيانا قلة الصفيحات Thrombocytopenia .

ان هذه الظواهر في دم المريض بالكالازار بلاشك تكون ذو مسؤولية عن تدهور في حالته المرضية ويصبح أشد احتمالا للاصابات الثانوية ولظواهر النزف .

وأورد Knight و Pettitt عام (1967) عدة اليآت (146) ممكنة لتفسير ظاهرة الانيميا المصاحبة لمرضى الكالاازار : -

1 - قد يثبط نضج الكريات الحمر في نخاع العظم ، أما نتيجة لفرط التنسج الخلوى Cell hyperplasia في النسج الشبكي الاندوثيلي أو من تأثير فعل السموم المثبط وبهذا يزداد التخريب للكريات الحمر مع عملية أزدياد تكون الحمر العشوائي والغير مجدى Ineffective erythropoiesis .

2 - تكسر كريات الدم Haemolysis تزداد نتيجة تضخم الطحال enlarged spleen أو بسبب فرط التنسج الخلوى مما يؤدى الى نقص كبير في الكريات الحمر في الدم .

3 - ظاهرة hyper volaemia أى زيادة حجم البلازما نسبة لعدد الكريات وبالنتيجة يحصل تخفيف للكريات الحمر .

4 - النقص في تركيز الحديد قد يكون لنقص في التغذية أو لوجود طفيلي آخر مثل الدودة الشصية hook worm .

ذكر تاج الدين (25) بأن عدد كريات الدم الحمراء في دم الاطفال المصابين بالكالاازار ينخفض بصورة شديدة ويصل الى أقل من (2.5 مليون كريه/ $ملم^3$) في 56% من الحالات المرضية ، وحصل انخفاض بعدد خلايا الدم البيضاء في 54% من الحالات (أقل من 5000 خلية / $ملم^3$) وانخفاض آخر في تركيز الهيموكلوبين بلغ أقل من 50% في 95% في الحالات . وقد ذكران (28) سبب انخفاض عدد كريات الدم الحمراء يعود الى سرعة تكسر الخلايا بسبب فرط

الطحالية Hyper spleenomegaly .

بالاضافة الى ذلك ظهرت زيادة في عدد الخلايا اللمفية Lymphocytes (13),(25) في 64 – 76% من الحالات المرضية ، أما عدد صفيحات الدم فقد أنخفض الى أقل من 100.000 صفيحة/ ملم^{3}) في 47 – 75% من الحالات .

ذكر في ايران بأن عدد خلايا الدم البيضاء الكلية للمصابين بالكالاازار يتراوح بين (1800 – 5300 خلية/ ملم^{3}) ، أما مستوى الهيموغلوبين فقد بلغ (140) (4.3 – 9.0 غم/ 100 سم^{3}) .

وضح Bray (1969) بأن تركيز IgG و IgM في الهامستر (138) يزداد لكن في المراحل المتقدمة من المرض والتي يكون الحيوان على وشك الموت ، وهذه الميكانيكية توضح سبب قلة الاستجابة المناعية السريعة للحيوان المصاب بالرغم من التأثير السمي من قبل الطفيليات .

النزف الدموى Haemorrhagic ظاهرة في معظم المصابين بالكالاازار ويعود للاسباب : 1 – نقص الصفيحات Thrombocytopenia .

2 – النزف المستمر لوقت طويل لقلة عوامل التجلط Coagulation factors ويكون الكبد هو المسؤول عن تكوين هذه العوامل فانه عند الاصابة بالكالاازار يؤدى الى اختلال في العمليات التي يقوم بها Hepatic dysfunction لكن السبب الرئيسي لشحة عوامل التجلط في المصابين بالكالاازار لحد الآن غير معروفة بالضبط .

يؤدى تكدس طفيليات لشمانيا دونوفاني في الجهاز الشبكي الاندوثيلي الى تحرر بروتينات شاذه وعلى حساب البروتينات الطبيعية ، وهذه البروتينات (148),(147)

تتداخل في الكفاءة الفعالة للاقراص الدموية وفي عوامل التجلط .

غالبا مايصاحب المصاب بالكالاازار نقص في الصفيحات الدموية حتى لو لم يحدث نزفا حيث وجد Luca و Santaegelo (1961) ان عدد الاقراص الدموية 65.000 ـ 84.000 والفترة اللازمة للتجلط أطول في المصابين (149) . وقاس كل من Chatterjea و Sen Gupta (1970) لـ (37) حالة عدد الاقراص الدموية Platelets وبلغت 80,7 ± 152.940 وأعزى السبب الى خلل في نضج نخاع العظم (149) . وقام كل من Musumeci . Pamebianoo (1974) بدراسة هذه الحالة وسجلوا نتائجهم وفيما يلي نورد هذه الجداول :

1 ـ جدول I يوضح قيم الهيموكلوبين ، كريات الدم البيض ، الخلايا الشبكية Reticulocyts وقيم بروتين البلازما ، ونسبة الالبومين/ الكلوبيولين (136) للاطفال المصابين بالكالاازار :

جدول (I)

Case No.	Age in Months	Days of disease	Hg g%	Reticulo. %	W.B.C mm^3	Plasma Protein g%	Ratio alb./glob.
1	31	30	8.0	8	9,500	4.92	1.04
2	21	45	9.1	10	5,400	6.40	0.61
3	13	60	6.4	29	4,400	7.26	0.42
4	24	30	8.0	8	5,000	6.00	0.98
5	30	90	4.8	8	5,000	5.56	0.66
6	21	30	5.6	10	3,900	6.84	0.53

2 ـ الجدول II يوضح ويلخص الدراسات لعملية التجلط وعواملها :ـ

جـــدول (II)

Case No.	Age in Months	Days of disease	Platelets mm^3	Fibrin-ogen (mg%)	Plasma Proth-rombin activ-ity %	Coagu-lation time (min)	Bleed-ing time (min)	Euglo-bulin Lysis time (hr)
1	31	30	200,000	375	60	8	5	4.5
2	21	45	80,000	300	40	11	8	2.5
3	13	60	60,000	339	30	12	9	2
4	24	30	226,000	425	70	7	4.5	4.5
5	30	90	55,000	494	50	10	10	3.5
6	21	30	150,000	400	60	9	5.5	4.5
Control								
1	74		300,000	350	100	5	4	5
2	84		295,000	400	100	5	3.5	5

وجد ان تركيز منشىء الليفين Fibrinogen يكون طبيعيا في دم المصابين بالكالاازار .

3 ـ الكتروليتات مصل الدم والكالاازار :ـ Serum Electrolytes & Kala-azar

(81)

جاء في رسالة الصفار حول التغيرات التي تحصل في الالكتروليتات لمصـــل دم الاطـفال المصابـين بالكالاازار في ايطاليـا (ضرب البحر الابيض المتوسـط)

حيث وجد انخفاضا في تركيز المغنيسيوم والكالسيوم وارتفاعا في تركيز النحاس والحديد عن قيمته الطبيعية (139) •

4 – انزيمات مصل الدم والكالاازار :

Serum Enzymes and Kala- azar

أجريت ابحاث قليلة ومحدودة جدا للانزيمات التي تتأثر في مرض الكالاازار من مناطق العالم المختلفة ، ماعدا الدراسات التي قام بها (81) Al- Saffar والتي تمتاز بشموليتها • والمعلومات المتوفرة عن الانزيمات في مصل الدم لمريض الكالاازار تقتصر في اغلب الاحيان على قياس نشاط هذه الانزيمات بطرق غير معروفة ولا يذكر نوع الوحدات التي تم القياس بها

آ – انزيم GOT :

1 – توصل Al- Saffar (81) عام (1977) من خلال دراساته الى ان انزيم GOT يرتفع نشاطه في 91.4% من المصابين بالكالاازار ، باستعمال جهاز محلل نشاط الانزيم (Enzyme activity analyzer) •

ووضح Al- Azzawi (85) (1979) بأن مستوى نشاط الانزيم GOT يرتفع في مصل دم الاطفال المصابين بالكالا ازار وبلغت قيمة الارتفاع (51.3 – 80.2) وحدة عالمية/ لتر •

كذلك اشار كل من Rassam و Al- Jebbori عام (1973)
الى الارتفاع في نشاط GOT (66 وحدة دولية) ولم تذكر طريقة حساب النشاط .

2 ـ استطاع Hicsonmez و Ozsoylu (83) عام (1972) في تركيا من ملاحظة الارتفاع في نشاط هذا الانزيم بنسبة 33% من مجموع (33) حالة وبلغت الفعالية بين (172 ـ 80 وحدة) .

أما في ايران فقد اشار Talayer و Tahernie في (1968) (87) الى الارتفاع بمستوى نشاط أنزيم GOT في (6) حالات من مجموع (8) وكانت قيمة نشاطه (84 ـ 180 وحدة) .

تم قياس نشاط الانزيم GOT في ايطاليا من قبل كل من Caponetti و Ceta (82) عام (1966) في بحث شمل عشرة أطفال مصابين بالكالاازار وكان لديهم ارتفاعا بفعالية الانزيم (105.5 وحدة) .

استطاع Luis (84) من فنزويلا قياس نشاط الانزيم GOT في مصل دم أشخاص أصيبوا بالكالاازار قبل وبعد العلاج فكان نشاط الانزيم طبيعيا قبل العلاج وارتفع النشاط قليلا بعده .

أما في البرازيل فقد درس (88) فعالية الانزيم GOT لمجموعة من المصابين بالكالاازار ووجد ارتفاعا في نشاط الانزيم في 80% في الحالات و 100% من الحالات التي بدأ العلاج فيها .

ب ـ <u>الانزيم Aldolase</u>

استطاع كل من Caponetti و Ceta (82) من ايطاليا عام (1966) قياس نشاط الانزيم Aldolase (16.5) وحدة في مصل المرضى المصابين بالكالاازار .

جـ - أنزيـــــم LDH :-

1 - درس AL - Saffar في عـام (1977) نشـاط الأنزيـم[81] LDH في (35) حالة من المصابين بالكالازار وبلـغ نشـــاطه (12,47 ± 72 وحـدة) .

2 - أما في ايطاليـا فقد اجرى بحث شـمل (10) أطفال مصابيـــن بالكالازار ووجد أن قيمة هذا النشاط (71,7 وحدة) .[82]

كذلك وجد Luis من فنزويـلا (1964) بأن نشـاط أنزيم LDH مرتفـع في 50% من الحـالات وانخفض مقدار نشـاط الأنزيـم[84] بعد العـلاج .

د - الانزيـــم HBDH :-

وجد Al -Saffar ارتفاعـا بفعالية HBDH بصـورة كبيرة جدا في كافة حالات الكالازار التي تمت دراستها والبالغ عددهـا[81] (35) حالة وبلغت قيمة النشـاط (1612 ± 880 وحدة) . كماوجد ارتفاعا بقيمـة Km في مصل المرضـى عنها في المصل الطبيعـي .

هـ - الانزيـــم CPK :-

تم تعيين نشاط الانزيم من قبل Al -Saffar في (33) حالـة مصابة بالكالازار وبلغت قيمته (44 ± 23,3 وحدة) . واسـتنتج ان نشاط الانزيم CPK ينخفض في مصل دم الاطفـال المصابيـن بالمـرض عن الاطفـــال الطبيعيين .

و ـ أنزيـــم Diastase : ـ

أستنتج John (1951) من اليونـان الى ان نشاط (89) الانزيم Diastase يزداد في دم المرضـى المصابيـــن بالكالاازار •

ز ـ الانزيـــم GPT : ـ

اشـار Taj- Eldin عـام (1969) الى حـدوث (25) ارتفاع في نشاط الانزيم GPT في 28% من حالات الكالاازار التـي شـملتها الدراسـة ، ولم يذكر قيـم نشـاط الانزيـم ولا الطريقة التي استعملها في القياس • وقام Al - Saffar في (1977) (81) بقياس نشـاط أنزيم GPT ووجـده مرتفعا في 40% من الحـالات والتي عددها (35) وكانت قيمة نشـــاط الانزيـــم (56.2 ± 57.3 وحدة) وقد تم قياس نشـاط الانزيـــم بواسـطة جهاز (محـــلل نشــــاط الانزيمـــات) Enzyme activity analyser •

2 ـ أجريت بحوث في ايطاليـا من قبل Caponetti و Ceta وشـملت الدراسـة (10) أطفال أصيبوا بالكالاازار ووجد عندهـم ارتفاعا بفعالية أنزيم مصل الدم GPT (76.6 وحدة) ، أما فـــي تركيا فقد وجد كل من Hiesonmez و Ozsoylu عـــام (1972) ارتفاعا في نشاط الانزيم GPT في مصـل الاطفـــال

(83)

المصابين بالكالاازار ، وتراوحت فعالية الانزيم (190 ـ 220 وحدة)

(84)

وتوصل Luis من فنزويـلا (1964) لقياس نشـاط الانزيم مـن

مصل دم المصابين بالكالاازار قبل وبعد العـلاج الطبي وتوصل الـى ان

نشاط الانزيم يرتفع بعد العـلاج .

أما بخصوص الدراسات المتعلقة بالخواص الحركية للانزيمـات

ومتناظراتها فهي غير موجودة عـدا البدايـة التي قـام بهـا

(85)   (81)

Al- Assaui و Al - Saffar

رابعا: المسح العلمي للانزيم الناقـل لمجموعة الأمّيـن GPT

Literature review of GPT (EC: 2.6.1.2)

يقوم انزيم GPT بدور أساسي في العمليات الحيوية بنقل مجموعـة

(92)

الامين من الاحماض الامينيـة الى الاحماض الكيتونيـة وبالعكـس في معظـم

الكائنات الحية . وبذلك يكون لانزيم GPT الدور الفعال في العمليـات

الحياتيـة للاحمـاض الأمينيـة .

$$\begin{array}{ccccc}
\overset{CH_3}{\underset{COOH}{\overset{|}{C}-NH_2}} & + & \overset{COOH}{\underset{\underset{COOH}{\overset{|}{CO}}}{\overset{|}{(CH_2)_2}}} & \xrightarrow{\;GPT\;} & \overset{CH_3}{\underset{COOH}{\overset{|}{CO}}} & +\overset{COOH}{\underset{\underset{COOH}{\overset{|}{HC}-NH_2}}{\overset{|}{(CH_2)_2}}}
\end{array}$$

L - alanine + $\propto$.ketoglutarate   Pyruvate + L - Glutamate

تختلف نسبة توزيع هذا الانزيم من كائن لآخر ومن نسيـــج لآخر وهو موجـــود

في معظم الكائنات الحيـــة ، (93) في الحيوانات المختلفة (94) (95) (96) والنباتات ومختلف الاحيــــاء

المجهرية . (97) ويتواجد بتراكيز مختلفة وبأختلاف الاعضاء في أنسجة الانسان فيكـــون

موزعـا وحسـب تركيزه المتناقص : الكبد ، الكلية ، القلب ، العضلات الهيكلية ،

البنكرياس ، الطحال ، الرئة ومصل الدم ، (98) و (99) النسبة المئوية لوجوده في الـــدم

البشـرى الطبيعي قليلة جدا ويصعب قياسها في الكريات الحمـر ، ومعدوم كليــا

في الاقراص الدموية وكريات الدم البيضــاء ، ووجد أن نسبة انتشار نشاطه متساوية

في كل من البلازما ومصل الدم ، (100) ومعدل نشاط الانزيم للشـخص الطبيعـــــي

(15 ــ 2 وحدة عالمية/ لتـر) . (101)

دلـت الابحاث التي قام بها كل من Belovuns و Zelezinskaya

ان أنزيـم GPT يتمركز بالمايتوكوند ريـا وخاصة في غشـائيها . (125)

الوزن الجزيئي لانزيم SGPT في المصل = 150.000 (130) حسب قياسـات

Bingol و Gazanfer (1968) بأستعمال Sephadex G200

أما Poter و S gal فقد وجدا أن الوزن الجزيئي لانزيم GPT يسـاوى (131)

114.000 بأستعمال الطرد المركزى Ultra centrifuge و Immunological

. electrophoresis

1 ــ متناظرات الانزيم GPT وانتشـارها في الانسـجة :

GPTISO and their distribution in tissues

اشـارت الدراسـات الاولية السابقة على أن للانزيم GPT متناظريـن

يختلفان بالخصوصية والثوابت الحركية . تمكن Ortanos (1970) مـــع (103)

باحثين آخرين من فصل متناظرين لـ GPT من مصول دم الاصحاء والمصابين بأمراض الكبد المختلفة (التهاب الكبد الخمجي ، مدمني المسكرات ، التهاب الكبد المزمن ، وتشمع الكبد) . الطريقة المستعملة لفصل المتناظرين من مصول الاصحاء والمصابين بأمراض الكبد المختلفة بسيطه وحساسه وتعتمد على طريقة كروماتوغرافيا مبسطه حيث يمدص المتناظر الموجب بواسطة الجل المبادل للآيونات السالبة من نوع DEAE - Sephadex A-50 بينما يبقى المتناظر السالب في المحلول الناضح وذلك باضافة محلول NaCl الى المحلول المنظم (104) .

كما استطاع ايضا كل من Fadhallah , Al- Mudhaffar (1977) (103) من فصل وتنقيه متناظرين للانزيم GPT من مصل الدم البشرى الطبيعي ، والطريقة المستعملة للفصل هي نفس الطريقة التي استعملها Ortanos (1970) كما تم دراسة هذه المتناظرات من الناحية الحركية .

تملك انسجة الفأر المختلفة الدماغ ، القلب ، البنكرياس ، الامعاء ، الكلية ، العضلات الهيكلية متناظر واحد ماعدا الكبد حيث امكن الحصول على متناظرين منه ووجد اختلافات بين هذه المتناظرات من ناحية الهجرة الكهربائية ، مقاومتها للحرارة (50)°م ومعاملتها مع Lipase أو Trypsin (105).

وجد في الجرادة أن GPT بشكلين جزيئيين مختلفين وذلك بأستعمال طريقة الجل الكروموتوغرافي والجل المبادل للايونات حيث وجد أحدهما في السايتوبلازم على هيئة أحادى ورباعي الوحدة بينما يكون متناظر

المايتوكوندريا بهيئة ثنائي الوحدة (106) .

كما وجد متناظرين للـ GPT في الطماطة وامكن فصل الاول بأستعمال مادة Trinton X - 100 والثاني امكن فصله بعد ترسيبه بمعاملته مع ملح كبريتات الامونيوم ثم أمراره خلال DEAE - Sephadex - DEAE - Cellulose (107) .

ونظرا كون المتناظرات بروتينات ذات فعالية محفزة لنفس التفاعل بأختلاف عن بعضها بالصفات الفيزيائية والكيميائية والحركية (102) ، لذا تبرز أهمية أختلاف نسبة متناظر الى آخر في الحالات المرضية عنه في الطبيعة كما سيأتي ذكر ذلك في :

2 - التطبيقات السريرية لمتناظرات الانزيم :

Clinical applications of GPT isoenzymes

لقياس فعالية ونسب المتناظرات المختلفة للانزيم في مصل الدم أهمية تشخيصية بالنسبة للكثير من الامراض ، وبالرغم من أن العديد من الأمراض تؤدي لزيادة مستوى الانزيم GPT في مصل الدم الا ان الاهمية التشخيصية له لم تتوضح الا عندما بدء الاهتمام بقياس فعالية ونسب المتناظرات المختلفة في مصل الدم لهذه الامراض (102) . يعتبر الكبد أحد أغنى المصادر لانزيم GPT في الجسم الحي ، وعليه فقياس نشاطه في مصل الدم يعطي أهمية خاصة عن احتمال اصابته . نظرا لقلة نشاط

أنزيم GPT في القلب فانه عند الاصابة بالاحتشاء القلبي يبقى مستواه طبيعيا (108) ·

تتأثر متناظرات الـ GPT عند الاصابة بأمراض الكبد ففي حالة تشمع الكبد تكون نسبة المتناظر السالب الى الموجب 3 : 8 وفي التهاب الكبد الخمجي 2 : 1 وفي حالة تشمع الكبد المزمن والحاد فكان نشاط الـ GPT الكلي 1960 وحدة/ مللتر بحيث تكون نسبة المتناظر السالب الى الموجب 9 : 4 ·

في الحالات الطبيعية تكون نسبة كل من المتناظر السالب الى الموجب متساويا تقريبا (104) · أما في حالة الامراض التي لا يصاحبها اصابة الكبد مثل التهاب الرئة وفقر الدم والاحتشاء القلبي ، فنسبة المتناظر السالب الى الموجب 5 : 2 فقط ·

2 ـ الصفات الحركية للانزيم GPT ومتناظراته :

Kinetic Parameters for GPT and its Isoenzymes

يختلف ميل الـ GPT للتفاعل بأختلاف المواد (92),(109),(110) كما ان علاقة متناظرات الانزيم بالمواد الاساس المختلفة تعتبر احدى الطرق المستعملة لاكتشاف هذه المتناظرات لأن تأثير هذه المتناظرات يتفاوت ، فكل متناظر له ميل للتفاعل مع مادة ما بصورة تختلف عن تفاعله مع مادة أخرى (111) وعليه فان خصوصية الانزيم تجاه المواد الاساسية المختلفة يمكن تفسيرها اعتمادا على نظرية Koshland وهي نظرية Induced fit (112)

والتـــــسي تفترض قابلية المركز النشط لوضع المادة الاساسة ضمنه لأن هذا المركز مـرن وشكله الهندسـي الفراغـي عرضه للتغيير المعتمد على المستنادة الاساس المتفاعلـة ، وعليه ففي حالة اتحاد هذه المواد مع المركز النشط للانزيم والمسؤول عن DL- alanine تسبب تغييرا في الشكل الهندسي الفراغـــي للمركز النشط المجاور والمسؤول عن Ketoglutarate -α وتكون حصيلة هذا التغيير انخفاض أو ارتفاع في فعالية الانزيم أو متناظراته .

تعتبر Km أحد أهم الثوابت الحركية واستعملت مختلف الطرق لقياس قيمة Km (103) ، هناك قيم Km مختلفة لمتناظرى الانزيم GPT لمصل الدم البشري الطبيعي ، وبلغت قيمة Km لـ DL - alanin للمتناظر I 57×10^{-3} من الوزن الجزيئي الغرامي وللمتناظر II 195×10^{-3} من الوزن الجزيئي الغرامي (113) ، وهذه القيم اختلفت عن تلك المذكورة لـ GPT كبد الفأر 34×10^{-3} من الوزن الجزيئي الغرامي (114) وعن GPT عضلات الأرنب المخططة .

أما قيم Km لـ Ketoglutarate -α لمتناظرى GPT I و II من مصل الدم البشرى فكانت للمتناظر I 1.1×10^{-3} من الوزن الجزيئـي ، وللمتناظر II 1.66×10^{-3} من الوزن الجزيئي الغرامي وهذه القيم مساوية لقيم km لـ GPT (113) كبد الفأر ، ومقاربة لقيم Km لـ GPT (114) سرطان الماء 1.33×10^{-3} من الوزن الجزيئي الغرامي .

ان لدرجة الأس الهيدروجيني أثر واضح على معدل سرعة التفاعل المحفز بالانزيمات مع اختلافات خاصة تعود لطبيعة الانزيم وتركيبه الكيميائي ومايحمله

من مجاميع آيونيه • وعند دراسة العلاقة بين سرعة التفاعل المحفز بالمتناظرين I و II لوحظ ان درجة الأس الهيدروجيني المثلى للمتناظر I كانت 7.4 وللمتناظر II 7.8 (103) •

ان قيم ثوابت التفكك pk في الدراسات الحركية للانزيم تساعد على استنتاج المجاميع الحقيقية المتأينه ومنها يتبين بأن الحمض الاميني المتوقع (115) وجوده في المركز النشط لمتناظرى GPT I و II يكون Cystine أو histidine وعند دراسة pk يجب مراعاة العوامل المؤثرة عليها تأثيرا مباشرا وهي : آ - تغير في شحنة البروتين (117),(118),(119) ، ب - وجود مجموعة مشحونة مجاورة (116) ، جـ - قد يكون هناك تأين في مادة الاساس نفسها ، د - تأثير المحاليل المنظمة المستعملة (120),(121) •

تمت دراسة تأثير درجات الحرارة المختلفة من قبل Fadlallah (1977) والتي تتراوح بين 10 م° - 70 م° ، على نشاط متناظرات GPT I و II في مصل دم الاصحاء ووجد ان درجة حرارة التفاعل المثلى للمتناظر I و II 55 م° ويفقدان فعاليتهما فوق هذه الدرجة •

لا يوجد أية دراسة عن نوع أو أساليب الكبت لمتناظرات GPT I و II للمصل البشرى عدا الدراسات التي قام بها Fadlallah حيث ورد ان الكبت لمتناظرات GPT I و II بحمض maleic يكون لاتنافسي لـ DL-alanine+ وكبتا تنافسيا لـ α-ketoglutanate •

حسب ما أورده Jenkens (123) بأن GPT كبد الفأر يكبت بواسطة متشابهات المادة الاساس ومنها maleic وان هذا الكبت تنافسيا ،

ولنفس الانزيم والمصدر أورد كل من Vavra و Velick (124) كون الكبت لاتنافسي .

اشار HSU و Fahien عام (1976) الى ان مادة Quinolinate تكبت أنزيم GPT للسايتوبلازم في القلب والكبد بصورة فعاله ويكون تأثيره قليلا على GPT للمايتوكوندريا لنفس الاعضاء (126) . أنزيم GPT للمخ اكثر فعالية من GPT العائد لكبد الفأر بحوالي (10) مرات ويكون كبت الاثنان ب L-Leucine , α-Oxoisocaproate (127) و α-Oxoisovalerate تنافسيا ووجد ان أنزيم GPT لكلية الخروف يحفز ب γ - globulim, L - glutamica, L-Lysine.

قيس فعالية أنزيم GPT في كل من كبد ، كلية وطحال الفأر بعد تعريض الجسم كله لاشعة X (900 R) لمدة (6) ساعات في اليوم الاول و (24) ساعة في المرة الثانية بعد (6) أيام ، ووجد ان فعالية ونشاط أنزيم GPT قد قلت بصورة كبيرة واعزى السبب الى تغيير في نفاذية أغشية المايتوكوندريا تجاه جزيئات الانزيمات (128),(129) .

4 - دراسة آليه تفاعل المتناظرين I و II ل GPT :

يكون التفاعل المحفز بهذين المتناظرين I و II وفق الآليه Ping Pong BiBi Mechanism وهذا يتفق مع ماأورده Handler و Dulos (109) ل GPT قلب البقر و Cleland (122) للانزيمات الناقلة لمجموعة الامين .

5 ـ الهدف من البحث : ـ

يظهر من المسح العلمي للانزيم GPT بأنه تم فصله وتنقيته من مصل الدم البشرى الطبيعي الى متناظرين ، كما تم دراسة الخواص الحركية للانزيم ومتناظراته ، أما حول تأثير مرض الكالازار على نمط توزيع متناظرات هذا الانزيم وكذلك على الخواص الحركية لها فغير موجودة ولم يرد لها أية اشارة في الادبيات مطلقا .

لذا أرتأينا في هذه الرسالة دراسة أنزيم GPT في المصل بأعتباره مهم طبيا وله دور حياتي واضح من ناحية حركته ومتناظراته ، وتوفير هذه المعلومات التي تلعب دورا مهما في الاغراض التشخيصية لهذا المرض الذى أصبح من الامراض الشائعة والواسعة الانتشار في العراق بالنسبة للاطفال .

Chapter two

اولا : المـواد المسـتعملـة :

وتشمل المواد المستعملة في تجـارب البحث مايلي :ـ

أ ـ الكيمياويـــات •

ب ـ المينـــــات •

جـ ـ الاجهزة المستعملة •

أ ـ الكيمياويـــات :ـ Chemicals

وتشمل المواد الاساسية للانزيم GPT والتي تم شراؤها مـن شركات اجنبية مختلفة ذات النقاوه العاليه ، حيث تم اســــــتيراد ال DL-Alanine وال Proline وال K_2HPO_4 من شركة Reidal deHaen • اما مواد محلول الفوسفات المنظم Na_2HPO_4 وال $NaH_2PO_4 , 2H_2O$ وال KH_2PO_4 , HCl وال NaOH وال Sodium Pyruvate وال Calcium Carbonate

وال Magnesium , Zin, وال Lanthenum Chloride فقد تم شراؤها مـن BDH واستورد كل من ال Ketoglutarate - α والBarbital NaCl dinitrophenyl hydrajina -2,4 مـن شركة Hopkin and Williams Ltd. •

اما مـادة الجـل المبـادل للايونـــات الســالبــــة فقد اســـتوردت من شركة Fine chemical pharmacia.

ب ـ العينـــــات   Specimens

تمت دراسة (68) حالة من الاطفال المصابين بمرض الكالاازار وقبل البدء بعلاجها تم الحصول عليها من مستشفيات الطفل العربـــــي وحماية الاطفال ومستشفى اطفال الكاظميه في بغداد خلال الاشهر تشرين الثاني ، كانون الاول ، كانون الثاني ، شباط ، آذار ، نيسان ، ايـــار من عامي 1978 و 1979 حيث تميزت هذه الاشهر بنسبة عاليــه مـن الاصابات بهذا المرض ، وقد تراوحت اعمار الاطفال المصابين بيـــن (4) اشـــــهر و(5) سنوات وتم تشخيص اصابتهم بالمرض من قبل الاطبـــــاء الاخصائيين في المستشفيات تبعا للطرق المناعية والتشخيص السريـــرى . اضافة الى ذلك فقد تمت دراسة (10) حالات من دم الاطفال الاصحـــاء ومن مركز رعاية الطفوله والاموه ـ فرع الاعظمية ومن مستشفى الطفل العربي ، حيث تم التأكد من خلو هؤلاء الاطفال من الامراض بفحص الدم من قبـــل الاطباء المختصين وقد تراوحت اعمارهم بين (9) شهور و (6) ســنوات .

طريقة تحضير مصل الدم :

استخرج مصل عينات الدم وذلك بعد سحب (5) سم^3 من دم الوريـــــد الوداجي الخارجي External Jugular Vein في عنق الطفل بواســـطة حقنه بلاستيكيه (من النوع الذى يستعمل لمرة واحده) وبعد الحصول علـــى الكميه المطلوبه من الدم يترك ليسيل ببطء في انبوبـــة جهاز الطارد (المنبذه) المركزى والتي تكون جافه ونظيفه . وتحفظ العينه بعد ذلك في درجة حـــرارة مقاربه الى درجة حرارة الجسم (37 م°) حيث يتخثر الدم ومن ثم توضع فـــي

جهاز الطرد المركزي الذي يعجل بسرعة (3000) دوره في الدقيقة حيث يفصل المصل ويستعمل ٠

جـ ـ الاجهـزة المستعملـة : Instruments

تم قياس نشاط وحركة انزيم ال GPT ومتناظراته والتجارب الاخرى المتعلقه بفصل المتناظرات ومتابعة نشاطها خلال المعالجة وكذلك صفاتها الكيمياوية والفيزياوية باستعمال الاجهزة التاليه :

1ـ جهاز الطرد (المنبذه) المركزي : من نوع Janetzki T5 ذو السرعة القصوى (5,500) دوره في الدقيقه حيث استعمل لاغراض مختلفه منها فصل مصل الدم بعد تخثره ٠

2ـ جهاز قياس الرقم الهيدروجيني Beckman Century - 1 PH meter وذلك لقياس الرقم الهيدروجيني للمحاليل المختلفة التي تم استعمالها خلال البحث ٠

3ـ حمام مائي من نوع Memmert لحضن انابيب التفاعل اثناء اجراء التفاعلات المختلفه ٠

4ـ مقياس الهجره الكهربائيـة مـن نوع

Microzone electrophoresis, Beckman 152 Microfuge Apparatus

حيث استعمل لغرض فصل بروتينات مصل الدم والاجزاء المختلفه الناضحه المحتويه على متناظرات الانزيم GPT ٠

5ـ جهاز المطياف من نوع Varian Techtron Model 635 Series UV- Visible Spectrophotometer

مطياف الاشعه الفوق البنفسجيه ، المرئيه والقريبه من الاشعه تحت الحمراء ويعطي النتائج مباشرة على شاشة ضوئية وحساسيه الجهاز عالية جدا .

6 - جهاز لقياس الضغط الازموزى من نوع

Halbmikro - Osmometer Model (Khauer)

ويستعمل الجهاز لحساب الوزن الجزيئي للبروتينات اعتمادا على الضغط الازموزى الذى تحدثه .

7 - جهاز قياس نقطه تساوى الشحنه من نوع

LKB 2117 Multiplier System

8 - جهاز الطرد المركزى ذو السرعه العاليه من نوع

MSE Model Centriscan 75 analytical Ultracentrifuge

وقد استعمل لقياس الوزن الجزيئي ومعامل الترسيب Sedimentation Coefficient معتمدا على مبدأ الترسيب التدريجي تحت تأثير القوه الطارده المركزيه .

9 - جهاز المطياف من نوع

Unicam SP 190/191- Atomic Absorption Single Beam Spectrophotometer

ويستعمل لقياس تراكيز الالكتروليتات في الاجزاء الناضحه والتي تحتوى على المتناظرات .

ثانيا : التحاليل المستعملة Analytical Methods Used

أ- فصل وتنقية متناظرات الانزيم GPT المستخرجة من امصال مرضى الكالاازار والاشخاص الطبيعيين :-

استخدمت طريقة عمود الكروموتوغرافيا المبسطه والحساسه لفصل متناظرات الانزيم GPT من مصل دم الاطفال المصابين بالكالاازار والاطفال الطبيعيين وذلك باستعمال الجل المبادل للايونات السالبه (DEAE- Sephadex A50) الذى يمدص الجزئيات الاكثر سالبية فتبقى ملاصقه له في درجة اس هيدروجيني معين بينما الجزئيات الموجبه الشحنه تبقى حره في المحلول المنظم المحيط بحبيبات الجل فنجدها في المحلول الناضح (eluate) . وقد امكن فصل الجزئيات السالبة الشحنه عن حبيبات الجل باستخدام محاليل منظمه متدرجة الارقام الهيدروجينيه وطريقة الروظان التدريجي وباستخدام تراكيز متزايدة تدريجيا من محلول NaCl .

طريقة العمل :

1 - استخدم عمود " Column " زجاجي بقطر (2) سم وطول (30) سم محاطا بانبوب زجاجي ملتصق به لغرض مرور الماء البارد بدرجة حراره (15) درجة مئويه ، وتحشر في النهاية المدببه للانبوب الداخلي قليل من شعيرات صوف الزجاج لمنع الجل من التسرب الى خارج الانبوبه ، يسكب المحلول العالق للجل في العمود بصورة بطيئه ومتجانسه لمنع تكون فقاعات هوائيه (تتم هذه العملية بدرجة

حرارة الغرفه) الى ان يصل ارتفاع الجل الى (18) سم ويضاف قليل من محلول الفوسفات المنظم بتركيز M(0.1) الى العمود لغرض غسل الجل .

2 - يضاف (2) $سم^3$ من مصل الدم ببطء وتجانس فوق سطح الجل وفي درجة حرارة (15) م ويترك مصل الدم ليتشرب في عمود الجل .

3 - يبدأ بعملية الفصل باستعمال (36) $سم^3$ من محلول الفوسفات المنظم M (0.1) وبرقم هيدروجيني (7.0) ويضاف تدريجيا مع مراعاة بقاء سطح الجل مستويا ومنتظما وتجمع الاجزاء الناضحه من العمود بحجم (3) $سم^3$ للجزء الواحد .

4 - بعد اتمام عملية اضافة محلول الفوسفات المنظم تبدأ عملية الروغان باضافة المحلول المنظم المذاب فيه "NaCl" ذو تركيز M 0.25 وبحجم قدره (39) $سم^3$ وبرقم هيدروجيني يبلغ ال 7.4 .

5 - يضاف بعدها (30) $سم^3$ من محلول الفوسفات المنظم المذاب فيه ال NaCl وذو تركيز M 0.35 وذو الرقم الهيدروجيني (8.0)

6 - تستمر عملية جمع الاجزاء المختلفة من السائل الناضح في انابيب اختبار ويعين نشاط الانزيم في هذه الاجزاء وكذلك في مصل الدم باستخدام الطريقة المذكوره في - ج .

المحاليل المستعملة :

وتستعمل المحاليل التاليه في هذه التجربة :

1 - المحلول العالق للجل : DEAE- Sephadex A-50

يوضع (1.3) غم من مسحوق الجل DEAE-Sephadex A-50 في (500) $سم^3$ من محلول فوسفات الصوديوم المنظم بتركيز M (0.1)

ورقم هيد روجيني (7.0) ، ويترك المحلول لمدة (24) ساعه ويبدل خلالها المحلول المنظم مرتين على الاقل لازالة العلائق الصغيره من المحلول العالق .

2 ـ <u>محلول فوسفات الصوديوم المنظم</u>

ويكون بتركيز (0.1) M ويحضر بالطريقة الاتيه :

أ) يذاب (31.202) غم من $NaH_2PO_4 \cdot 2H_2O$ (الوزن الجزيئي = 156.01) في 1000 سم^3 ونحصل على (0.2) M .

ب) يذاب (28.394) غم من Na_2HPO_4 (الوزن الجزيئي = 141.9) في 1000 سم^3 ونحصل على محلول (0.2) M .

I) نضيف (19.5) سم^3 من محلول (أ) الى (30.5) سم^3 من محلول (ب) ويكمل الحجم الى 100 سم^3 وبذلك نحصل على محلول (0.1) M وبرقم هيد روجيني(150) (7.0) .

II) نأخذ (14.0) سم^3 من محلول (أ) ويضاف الى (36.0) سم^3 من محلول (ب) ويكمل الحجم الى 100 سم^3 وبذلك نحصل على محلول (0.1) M ورقمه الهيد روجيني (7.4) .

III) نأخذ (2.65) سم^3 من محلول (أ) ويضاف الى (47.35) سم^3 من محلول (ب) ويكمل الحجم الى 100 لنحصل على محلول M(0.1) ورقمه الهيد روجيني (8.0) .

3 - المحاليل المحتويه على كلوريد الصوديوم NaCl :

1- محلول NaCl بتركيز (0.25)M : يحضر باذابة (3.652) غم من كلوريد الصوديوم (Mwt = 58.44) في (250) $سم^3$ من محلول فوسفات الصوديوم المنظم (II) لنحصل على محلول (0.25) M ورقم هيدروجيني (7.4) .

2- محلول NaCl بتركيز (0.35) M : يحضر باذابة (5.114) غم من كلوريد الصوديوم (MWt = 58. 44) في (250) $سم^3$ من محلول فوسفات الصوديوم المنظم (III) لنحصل على محلول (0.35) M ورقم هيدروجيني (8.0) .

ب - قياس تراكيز البروتين والفعاليه النوعيه :-

اعتمد في قياس تركيز البروتين في مصل الدم والاجزاء الناضحه على طريقة Kalckar الطيفيه والتي يتم عن طريقها حساب كمية البروتين فيها بطرح قراءه الامتصاص لمصل الدم المخفف ومحاليل الاجزاء الناضحه في الطول الموجي (260) نانوميتر الخاص بامتصاص الاحماض النوويه من قراءة الامتصاص لنفس النموذج في طول موجي (280) نانوميتر والنتيجة تمثل قابلية امتصاص البروتين ، وتحسب كمية البروتين من المعادلة التاليه[151] :-

تركيز البروتين (ملغم / $سم^3$) = 1.45 × قراءة الامتصاص على طول موجة 280 nm

− 0.74 × 〃 〃 〃 260 nm

اما الفعاليه النوعيه لكل من مصل الدم ومحاليل الاجزاء الناضحه فتحسب حسب المعادله التاليـة :ـ

الفعالية النوعيه (وحده /ملغم بروتين) = الفعاليه الكليه (وحده /سم^3) / البروتين الكلي (ملغم / سم^3)

ويمكن حساب درجة التنقيـه وفق المعادله التاليـة :

درجة التنقيـه = الفعاليه النوعيـه للجزء النقي / الفعاليه النوعيه للجزء الخام

ج ـ قياس نشاط انزيم GPT ومتناظراته في مصل دم الاطفال المصابيـن بالكـالاازار :ـ

لقد تم قياس نشاط الانزيم GPT ونشاط متناظراته في مصل الدم بطريقة (152) Reitman and Frankel , Ortancs et al (153) والتي تعتمد على قياس كمية ال Pyruvate المتكون، يتفاعل ال Pyruvate مع ال 2,4- Dinitrophenyl hydrazine المتكون بدقيقه واحده لكل لتر من مصل الدم وتتكون احدى مشتقات Phenyl hydrazone الذى يمتص محلوله القاعدى في طول موجي (505) نانوميتر .

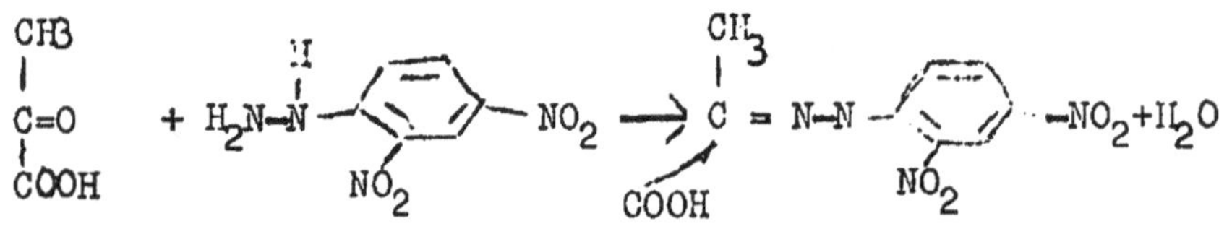

Pyruvate   2,4-dinitrophenyl hydrazine   Pyruvic 2,4-dinitrophenyl-hydrazone

طريقة العمل :

انبوبة الاختبار Test	الضابط Control	انبوبة القياس Standard	كفؤ الكواشف Blank'
يضاف 0.3 سم^3 من DL-alanine الى 0.2 سم^3 من α-Ketoglutorate	يضاف 0.3 سم^3 من DL-Alanine الى 0.2 سم^3 من α-Ketogluterate	تحتوى على 0.3 سم^3 من DL-alanine مع 0.2 سم^3 من α-Ketoglutarate	يضاف 0.3 سم^3 من DL-alanine الى 0.2 سم^3 من α-Ketoglutarate
توضع في حمام مائي 37 °م لمدة 3 دقائق			
1 سم^3 من المصل يضاف الى محلول المواد الاساسيه . يوضع في حمام مائي 37 °م ولمدة 120 دقيقه .	يوضع في حمام مائي 37 °م ولمدة 120 دقيقة	يضاف 0.6 سم^3 من الماء المقطر الى محلول المواد الاساسيه . يضاف 0.4 سم^3 من محلول Sodium Pyruvate	يضاف 1 سم^3 من الماء المقطر الى محلول المواد الاساسيه
يضاف 1 سم^3 من محلول 2,4-Dinitrophenyl hydrazine الى جميع الانابيب والحاويه على المواد الاساس لايقاف التفاعل			
تمزج بالرج جيدا وتترك لمدة 20 دقيقة بالضبط .			
	يضاف 1 سم^3 من مصل الدم ويمزج جيدا		
يضاف (10) سم^3 من NaOH M (0.4) ويخلط جيدا وتترك لمدة (10) دقائق .			

يمكن معرفة نشاط الانزيم في المصل وذلك بقياس شدة الامتصاص بطول موجـــي قدره 505 نانوميتـر .

كمية ال Pyruvate المتكونة/ دقيقة / لتر من المصـل =

$$= \frac{\text{الاختبار - الضابط}}{\text{القياس - الكفىء}} \times 0.4 \times \frac{1}{\text{الزمن}} \times \frac{1000}{\text{حجم المصل}}$$

$$= \frac{\text{الاختبار - الضابط}}{\text{القياس - الكفىء}} \times 0.4 \times \frac{1}{120} \times \frac{1000}{2}$$

$$= \frac{\text{الاختبار - الضابط}}{\text{القياس - الكفىء}} \times 1.666$$

ويمكن حساب نشاط الانزيم مقدرا بالوحده العالميه (التي تعرف بانها كميـــه الانزيم التي تحرر 1×10^{-6} من الوزن الجزيئي الغرامي من مـــادة الـــ Pyruvate بالدقيقه الواحده وذلك بالرجوع الى الجدول التالي :-

كمية ال Pyruvate المتكونه مايكرومول /دقيقة/لتر	نشاط الانزيم GPT وحده عالميه /لتر	كمية Pyruvate المتكونـه مايكرومول /دقيقه لتر	نشاط الانزيم GPT وحده عالميه لتر
2	2	28	25
4	3	30	27
6	5	32	29
8	6	34	31
10	7	36	33
12	9	38	35
14	11	40	37
16	13	42	39
18	15	44	41
20	17	46	44
22	19	48	47
23	20	50	51
24	21		
26	23		

المحاليل المستعملة : استعملت المحاليل التاليه في هذه التجربة :

1 ـ محلول الفوسفات المنظم بتركيز (0.1 M) :-

يحضر باذابة (13.97) غم من Potassium monohydrogen phosphate K_2HPO_4 (الوزن الجزيئي = 174.18) ، و(2.69) غم من Potassium dihydrogen phosphate KH_2PO_4 (الوزن الجزيئي = 136.09) في قليل من الماء المقطر ويكمل الحجم الى اللتر ، فنحصل على المنظم الناتج ذو رقم هيدروجيني (7.4) ويحفظ هذا المحلول في الثلاجه .

2 ـ محلول حامض DL- Alanine (بتركيز M 0.1) :

يذاب 0.8905غم من DL -ala (الوزن الجزيئي=89.05) في حوالي (20) سم^3 من الماء المقطر وينظم المحلول الناتج لرقم هيدروجيني (7.4) باستخدام قطرات من محلول عياري NaOH ثم يكمل الحجم الى 100 سم^3 بمحلول الفوسفات المنظم ويحفظ المحلول الناتج بدرجة -20 م° .

3 ـ محلول ∝ -Ketoglutarate (بتركيز 1.5×10^{-3} M) :-

يحضر باذابة 0.219 غم من ∝- Ketoglutarate (الوزن الجزيئي = 146.01) في قليل من الماء المقطر وينظم المحلول الناتج لرقم هيدروجيني (7.4) باستخدام قطرات من محلول (1) عياري NaOH ، ثم يكمل الحجم الى 100 سم^3 بواسطة محلول الفوسفات المنظم ويحفظ المحلول الناتج بدرجة -20 م° .

4 - محلول Sodium Pyruvate (بتركيز 1×10^{-3} M) :

يذاب 0.011 غم من Sodium Pyruvate (الوزن الجزيئي = 110.05) في 100 سم^3 من محلول الفوسفات المنظم ويحفظ بدرجة -20 م° .

5 - محلول 2,4-Dinitrophenyl hydrazine (بتركيز 1×10^{-3} M) :

يذاب (0.0198) غم من 2,4- dinitrophenyl hydrazine (الوزن الجزيئي = 198.15) في (10) سم^3 من حامض HCl المركز ثم يكمل الحجم الى (100) سم^3 بالماء المقطر ويحفظ المحلول في قنينة زجاجية معتمة وبدرجة حرارة الغرفة او الثلاجة .

6- محلول NaOH (بتركيز 0.4 عياري) :

يحضر من اذابة (16) غم من NaOH (الوزن الجزيئي = 40) في قليل من الماء المقطر ويكمل الحجم الى (1000) سم^3 بالماء المقطر ايضا .

7- محلول NaOH (بتركيز عياري) :

يذاب (40) غم من NaOH (الوزن الجزيئي = 40) في الماء المقطر ويكمل الحجم الى (1000) سم^3 .

د - متابعة نمط توزيع متناظرات الانزيم GPT (I,II,III,IV,V) قبل واثناء معالجة الكالازار بالبنتوستام :

اعتمدت على متابعة فعالية الـ GPT ومتناظراته الخمسة I, II, III, IV, V في مصل المرضى المصابين بالكالازار من

خلال متابعه دقيقه ومستمره على (8) من المرضى الراقدين في مستشفى الطفل العربي ومستشفى اطفال الكاظميه • وتمت المتابعه بسحب اربعة نماذج للدم من نفس الطفل المصاب بالكالازار قبل واثناء المعالجه بمركب البنتوستام وكما مبين ادناه :

1 ـ السحبه الاولى : وحصل عليها حال دخول الطفل المصاب الى المستشفى وبعد تشخيص مرضه من قبل الاطباء وقبل البدء بالعلاج بيوم واحد •

2 ـ السحبه الثانيه : وقد حصل عليها بعد (24) ساعه من اعطاء الطفل المصاب 1 سم^3 من مركب البنتوستام ذو تركيز 100 ملغم /سم^3 •

3 ـ السحبه الثالثه : وقد حصل عليها بعد اعطاء الطفل المصاب مامجموعه (3) سم^3 من مركب البنتوستام اى بعد (4) ايام من بدء المتابعـه •

4 ـ السحبه الرابعه : وقد حصل عليها بعد (8) ايام من بدء العلاج حيث اصبح مجموع ما اخذه (7) سم^3 من مركب البنتوستام بتركيز 100 ملغم /سم^3 •

تمت عملية الفصل وقياس النشاط للمتناظرات V, IV, III, II, I كما مذكور في الطرق أ ـ و ج على التوالي من التحاليل المستعملة •

ثالثا : <u>الصفات الفيزياويه لمتناظرات GPT المستخرجه من امصال الاطفال المصابين بالكالازار :</u>

أ ـ <u>الهجره الكهربائيه لمتناظرات الانزيم V , IV , III, II, I, GPT</u>

تعتمد طريقة الفصل بالهجره الكهربائيه عند وضع جزيئه ذات شحنة في مجال كهربائي على شحنتها ، كبرها ، قدره المجال الكهربائـي

المسلط والوسط الذى تجرى فيه عملية الهجره واستعملت هذه الطريقـــــه لمعرفة البروتينات المكونه لكل من المتناظرات (V, IV, III, II, I) اثناء عملية الفصل واستعملت الطريقه التاليه لهذا الفرض :ـ

1 ـ باستعمال ورقة خلات السيللوز Cellulose - Acetate Paper في جهاز الهجره الكهربائيه Microzone Electrophorisis ومن النوع Deskman 152 - microfuge Apparatus وبوجود المحلول المنظم Barbitol برقـــم هيدروجيني (8.6) .

2 ـ تضاف الاجزاء الناضحه الى الورقة خلات السيللوز في خلية الجهاز ويسلط فرق جهد مقداره (250) فولت ولمدة (15 - 18) دقيقــة .

3 ـ ترفع الورقه من الخليه وتوضع في المحلول المثبت لمدة تتراوح بيـن (7 - 10) دقائق .

4 ـ تغسل الورقه ثلاث مرات متعاقبه بمحلول 5% مـن حمـــض Clacioal acetic acid بعدها توضع في محلـــول Denatured ethanol لسحب الماء منها .

5 ـ توضع الورقه بعدها في المحلول المظهر لمدة تتراوح بين (1-2) دقيقه ثم توضع الورقه في الفرن بدرجة حرارة (80 - 100) ^{o}م لمدة لاتقل عن (15) دقيقــة .

المحاليل المستعملـة :

1 ـ المحلول المثبــت : Fixative - Dye Solution

يحضر بتخفيف المحلول المثبت للطقم الجاهز الى 250 سـم^3
بحيث تصبح مكوناته كالاتي : (0.2 %) من طبقة Ponceaus - Stain
و (3%) من حامض الخليك الثلاثي الكلور و(3%) مـن حامـض
Sulfosalicylic acid .

2 ـ المحلول المنظـم : Beckman B-2 Buffer pH 8.6

يحضر باذابة محتوى الطقم الكيمياوى الجاهـز
(Beckman 8.6 buffer) في (1000) سم^3 من المـاء
المقطر .

3 ـ محلول الغسـل : Rinse Solution

وهو عبـاره عـن حامض الخليـك الثلجـي بتركيـز (5%)من
Glacial acetic acid .

4 ـ محلول الكحـول : Alcohol Dehydration Solution

عبارة عـن Denatured ethanol

5 ـ المحلول المظهـر Clearing Solution

ويحضـر بتخفيف (30) سم^3 مـن Cyclohexanone
الى 100 سم^3 ب Denatured ethanol .

ب ـ تعيين نقاط تساوى الشحنه لمتناظرات ال V, IV, III, II, I, GPT باستعمال جهاز LKB 2117 Multiphor system :

يتكون الجهاز المستعمل من وعاء المحلول المنظـــــــم (Buffer tank) وغطاء شفاف (transparent cover) وصفيحة التبريد المستطيلة (rectangular cooling plate) كما في الشكل التخطيطي الاتي :

وتوضع العينات التي تمثل متناظرات الانزيم GPT ويجـــرى تثبيتها باستعمال جهد كهربائي ثابت على صفائح الفصـــــــل LKB Ampholine PAG Plates ذات الارقام الهيدروجينيـــه المتدرجه (9.5 - 3.5) وبعد ذلك تجرى الخطوات المتاليـــه والتي تبدأ بوضع صفيحة الفصل على القاعدة (Template) المثبته على صفيحة التبريد ويستعمل دهن البرافين الخفيف للفصل بين وحـــده التبريد والقاعده وكذلك بين القاعده والصفائح لمنع تكون الفقاعات الهوائيه يغمر شريط القطب السالب في محلول NaOH (IN) بينما يوضـع شريط القطب الموجب في محلول H_3PO_4 (IM) ويثبت القطبـا ن على صفيحة الفصل ويوضع غطاء الجهاز ويبدأ بتشغيل الجهاز بتسليط جهـد قدره 1400 فولت وقدره مقدارها (24) واط Watt لمدة (30) دقيقه وذلك لتكوين الرقم الهيدروجيني المتـــــدرج (PH gradient formation) ، ويجرى الفصل باستعمـال شرائح ورقيه صغيره من نوع واتمان 3mm وبابعاد (0.5 X 1cm)

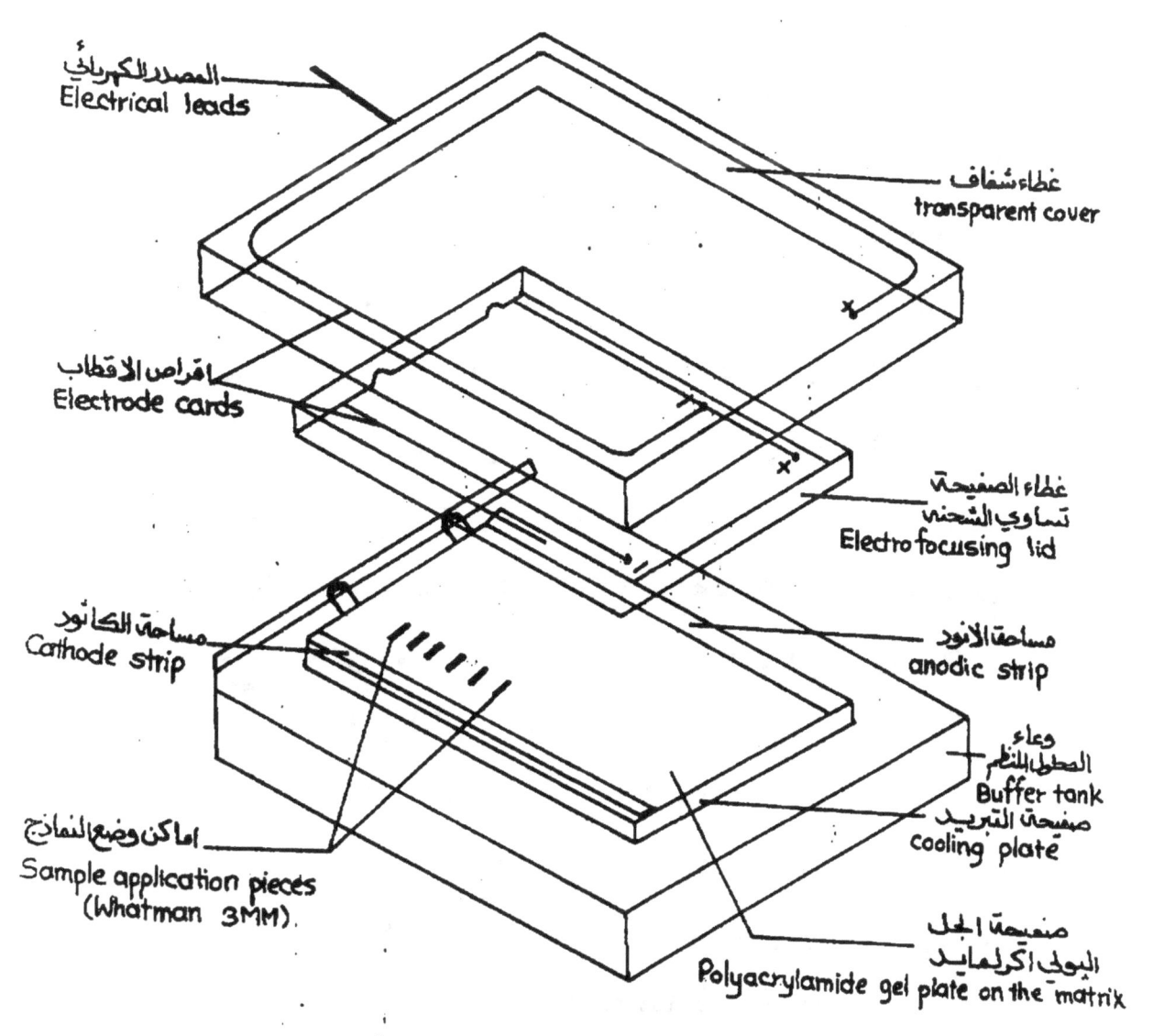

المصدر الكهربائي
Electrical leads
غطاء شفاف
transparent cover
اقراص الاقطاب
Electrode cards
غطاء الصفيحة
تساوي الشحنة
Electro focusing lid
مساحة الكاثود
Cathode strip
مساحة الانود
anodic strip
وعاء
المحلول المنظم
Buffer tank
صفيحة التبريد
cooling plate
اماكن وضع النماذج
Sample application pieces
(Whatman 3MM).
صفيحة الجل
البولي اكريلمايد
Polyacrylamide gel plate on the matrix

الجهاز التفصيلي لتعيين نقاط تساوي الشحنة

Experimental set-up analytical electrofocusing

والتي تكون مشبهه بنماذج البروتين والتي تركيزها (0.51 للمتناظر I ، 5.1 للمتناظر II و 0.22 للمتناظر III و 6.1 للمتناظر IV و 1.1 للمتناظر V) ملغم/مل . وتوضع كل منها على بعد 2 سم من حافة القطب السالب . يبدأ بتشغيل الجهاز بنفس الظروف السابقه ولمدة (30) دقيقه وترفع بعدها الشرائح الورقيه الصغيره ويشغل الجهاز مره اخرى ولمدة (60) دقيقة . يقاس الرقم الهيدروجيني المتدرج على صفيحة الفصل باستعمال القطب الزجاجي المسطح (Surface glass electrode) . ويشغل الجهاز مره اخرى ولمدة (10) دقائق وذلك للحفاظ على المناطق المحدده والتي ربما قد انتشر خلال قياس درجة الاس الهيدروجيني (156) ثم ترفع صفيحة الفصل (الجل) وتعامل كالاتي :

أ- يوضع الجل ويغمر في (Fixing Solution) (17.3 غم من Sulphosalicylic acid & 57.5 غم من حامض الخليك ثلاثي الكلور في 500 سم^3 من الماء ، وذلك لتثبيت البروتينات .

ب- يغمر الجل في ال destaining solution (500 سم^3 من الكحول الاثيلي + 160 سم^3 من حامض الخليك الثلجي + 1340سم^3 من الماء) لمدة (15-30) دقيقه لغسل ال Ampholine المتبقي ، يصبغ الجل بغمره في Staining Solution (0.46 غم من Coomasie Brilliant blue + 400 سم^3 من destaining Solution ولمدة (10) دقائق في درجة حرارة 60 م^o .

جـ - الكميه الفائضه من الصبغه تزال بواسطة غمر الجل فـــــي (Destaining Solution) ولعدة مرات الـى ان تزال الصبغة تماما عدا حزم البروتين المصبوغة (وتحتاج هـــذه العملية الى 24 ساعه) ٠

د - يغمر الجل بعد ذلك في المحلـــــول الحافـــــظ (Preserving Solution) الذى يحوى (10% حجم : حجم) من الكليسرول ولمدة (0.5-1) ساعه بعد ذلـــك يوضع الجل على شريحة زجاجيه ويغطى بورق سيلوفين مغمـــوره بنفس المحلول ولمدة دقائق على ان لاتتكون فقاعات هوائيه ٠

جـ - قياس الوزن الجزيئي باستعمال طريقـة :

قياس الضغط الازموزى لمتناظرات الانزيم GPT V, IV, III, II, I

استعمل جهاز Halbmikro Osmometer لقياس الضغـط الازموزى للمتناظرات الخمس ، وتتلخص الطريقة باستعمال كؤوس حجميـه تحوى 0.15 سم^3 من اى محلول مستعمل ٠ وقبل البدء باستعمـال الجهاز يصفـر اولا باستعمال الماء المقطر (0.15 سم^3) وبعدها يقاس 400 مل ازمول لمحلول قياسي من كلوريد الصوديوم المحضر بـــوزن 12.687 غم في لتر واحد من الماء المقطر في 20 م° وبحجـــم (0.15 سم^3) لضبط الجهاز قياسياً وبعدها يبدل بمحلول متناظـرات الـ GPT المراد قياسها وتحضر عدة تخفيفات من هذه المحاليل ويقـاس الضغط الازموزى لكل تركيز منها ٠ وكانت التراكيز المستعمله للمتناظـر I هي (0.115, 0.23 , 0.46 , 0.62 , 0.84) ملغم /سـم^3

والتراكيز المستعمله للمتناظر II فقد بلغت (0.41 , 0.62 , 0.205 , 0.15 , 0.075) ملغم/سم^3 . اما التراكيز المستعملة للمتناظر III فهي (0.275 , 0.225 , 0.112 , 0.10 , 0.055) ملغم/سم^3 ، والتراكيز المستعملة للمتناظر IV فقد كانت (2.80 , 1.40 , 0.70 , 0.35 , 0.175) ملغم/سم^3 واخيرا كانت تراكيز المتناظر V هي (0.316 , 0.285 , 0.222 , 0.111 , 0.55) ملغم/سم^3 .

طريقة حساب الوزن الجزيئي :

تستعمل المعادله العامه للغازات $\pi V = nRT$ حيث يمثل : π = الضغط الازموزي (بالجو) .

V = حجم المحلول

n = عدد المولات للمذاب .

R = ثابت الغازات = 0.0821 لتر . جو/مول

T = درجة الحراره المطلقه .

$$\pi V = \frac{Wt}{M.Wt} RT$$

$$\pi \, M.Wt = \frac{Wt}{V} RT$$

$$M.Wt = \frac{Wt}{V} \cdot \frac{RT}{\pi}$$

$$M.Wt = C \cdot \frac{RT}{\pi}$$

C = التركيز غم / لتر .

ثم تحسب القيمه المطلقه برسم العلاقه بين $\frac{\pi}{C}$ ضد C وتحسب

قيمه تقاطع الخط البياني مع y-axis والتي يكون فيها التركيــــز مساويا لصفر :

$$M.Wt = \frac{R}{(\pi/C)_{C \to 0}}$$

د- دراسة ظاهرة الانتباذ لمتناظرات الانزيم GPT, II, IV, V :-

بعد عملية الفصل والتنقيه باستعمال طريقة الكروموتوغرافيـــــا DEAE Sephadex A - 50 وحساب كمية البروتين حسب معادلـــة Kalokar (151) لكل من المتناظرات الخمسه ، وعزلت المتناظـرات الخمسه بواسطة الهجره الكهربائيه تبعا لطريقة Gebott (155) ووجـــد تباينا ملحوظا في سرعة المتناظرات فيما بينها وحسب الشروط التي يجـــب اتباعها بان يكون تركيز البروتين على الاقل 0.5 غم /سم^3 . ولما كـــان تركيز البروتين للمتناظرات II, IV, V عالي فقد اختيـــرت دراسة هذه الظاهره والتي تعتمد على التباين في سرعة الترسيب باختلاف الوزن الجزيئي حيث تترسب الجزئيات الكبيره ذات الوزن الجزيئي الاعلـــى اسرع من صغيرة الوزن الجزيئي . وتمت عملية الترسيب باستخدام جهـــاز :

MSE Model Centriscan 75 analytical Ultracentrifuge

واستعمل نظام Schlieren Optical وحسبت سرعة الترسيـــب بوجود M(0.1) من منظم الفوسفات وبرقم هيدروجيني (7.0) بسرعـــة 45,000 دوره في الدقيقـــه . اما تركيز البروتين فقد كان للمتناظـــر II (6.31 ملغم /سم^3) . وللمتناظر IV (5.139 ملغم / سم^3) وبلغ تركيز المتناظر V (4.722 ملغم /سم^3) ودرجـــة الحراره تراوحت بين 5 - 20 م^o ، وقد كان حجم الخليه 10mm

والتي ملئت بمحلول الجزء الناضح المذاب في منظم الفوسفات الى حـــد الملائمه المعينه ،وملئت الخلايا القياسيه بالمحلول المنظم اضافة الـــى خلية الموازنه التي تم استعمالها وتم ترسب البروتين وذلك بتشغيـــل الجهاز لمدة 20 دقيقه وتمت القراءه في كل (10) دقائق ،واخيرا رسمت الاشكال خلال فترة زمنيه مقدارها (10) دقائق وتم حســـاب معامل الترسيب Sw,20 برسم log X ضد الزمن t وينتـــج خطاً مستقيما ميلـه :

$$Slop = \frac{\log X_2 - \log x_1}{t_2 - t_1}$$

وبعد التكامل والتعويض بالمعادلـه :

$$W = \frac{2 \cdot Speed\ r.p.m}{60}$$

$$S = \frac{2.303 \log r}{t(sec)} \cdot Slop\ of\ graph$$

$$S_{exp} = \frac{2.303 \log f(X_2) - \log f(X_1)}{W^2 (t_2 - t_1)}$$

$$= \frac{2.303}{W^2} \times Slop$$

$$M.wt = \frac{RTS}{D(1 - \bar{V}\rho S)}$$

S = معامل الترسـيب

r = المسافه للقمه التي تتحركها بعد كل دقائق

ρ = كثافة الجزء الناضح قيس بواسطة قنينة الكثافة .

t = الزمن المستغرق بالثانيـه .

T = درجة الحرارة المطلقه

D = معامل الانتشار سم^2 / ثانية .

W = السرعة الزاويـه .

$\bar{V}$ = الحجم الجزئي النوعي للجزيئـه .

هـ ـ دراسة طيف الامتصاص لمتناظرات V, IV, III, II, I GPT المستخرجة من امصال الاطفال المصابين بالكالاازار :

تمت دراسة اطياف الامتصاص وذلك باستعمال جهاز المطياف نوع Varian Techtron Model 635 Serio, UV-Visible Spectrophotometer

واجريت دراسة الامتصاص بتغيير الاطوال الموجيه ضمن المدى 200 – 350 نانوميتر ثم رسمت الاطياف باستعمال الجزء الناضح لكل من المتناظرات الخمس . وبلغت التراكيز على التوالي (0.296 للمتناظر I، 7.148 للمتناظر II ، 0.568 للمتناظر III ، 6.17 للمتناظر IV و 0.43 للمتناظر V)ملغم/مل وباستعمال خليط التفاعل الكامل ، ودرست تأثير مواد الاساس على امتصاص الاحماض الامينيه الموجوده في الجزء الناضح ، ودرس تأثير L – Proline على اطياف الامتصاص للاجزاء الناضحه والمحاليل المستعملة في التجربه الاولى كمايلي :

1 ــ وضعت 3 سم^3 من محلول الجزء الناضح في خلية قياسيه وتم قياس قراءات الامتصاص له بتغير الاطوال الموجيه ضمن المدى (200 – 350) نانوميتر وتمت القراءه ضد خلية اخرى لاتحتوى على المتناظر .

2 ــ تم قياس قراءات الامتصاص للمتناظرات بوجود المواد الاساس حيث اضيف 2 سم^3 من المتناظر ، ومن المواد الاساس 0.6 سم^3 من DL – alanine بتركيز (0.1 M) و 0.4 سم^3 من α-ketoglutarate بتركيز (1.5×10^{-3})M برقم هيدروجيني (7.4) .

3 ـ اما المجموعه الثالثه من التجربه فقد تم قياس قراءات الامتصاص ل 3 $سم^3$ من محلول مواد الاساس فقط بنفس التراكيز المذكوره في -2 • اما التجربة الثانيه فقد اجريت كما يلي :

1 ـ اخذت القراءات لطيف الامتصاص للجزء الناضج حيث وضع 3 $سم^3$ من المحلول في خلية قياسيه وبتغير الاطوال الموجيه ضمن المدى (290 - 450) وتم قياس الامتصاص •

2 ـ اخذت قياسات الامتصاص للمتناظرات بوجود 1.1 $سم^3$ من M(0.1) L - Proline وبرقم هيدروجيني 7.4 واستخدم 1.9 $سم^3$ من المتناظر •

3 ـ تم قياس قراءات الامتصاص ل 1.1 $سم^3$ من DL-alanine بتركيز M(0.1) واستخدم 1.9 $سم^3$ من المتناظر •

رابعا : الطرق الكيمياويه

الدراسات الحركيه لانزيم GPT ومتناظراته V, IV, III, II, I

1 ـ تأثير تركيز الانزيم وكل متناظر لانزيم GPT على سرعة التفاعل

تمت دراسة تأثير التراكيز المختلفه للانزيم ولكل من المتناظرات الخمسه على سرعة التفاعل وذلك باستعمال الطريقه المذكوره في ـ جـ لقياس النشاط ، حيث تم استعمال حجوم مختلفه لكل من الانزيم والمتناظرات (2.2,2.0,1.4,1.0,0.4,0.2, 0.10) $سم^3$

وكان تركيز البروتين في مصل الدم (26.424) ملغم/$سم^3$ ، اما تراكيز المتناظرات الخمسه فقد كانت (للمتناظر I 0.98 ، و 8.908

للمتناظر II ، 1.277 للمتناظر III ، 1.34 للمتناظر IV و 0.29 للمتناظر V) . وتركيز مواد الاساس (0.1)M بالنسبه لحمض DL - alanine و (1.5×10^{-3})M بالنسبه ل ∝ -ketoglutarate ، واستعملت هذه الطريقه لقياس تأثير تركيز مجموع متناظرات GPT على سرعة التفاعل المحفز بهذا الانزيم وامكن معرفة التركيز الاوفق للمتناظر والانزيم والذى تكون سرعة التفاعل في اقصاها من رسم العلاقه بين سرعة التفاعل وتركيز المتناظراوالانزيم

2 ــ **تأثير زمن الحضن على سرعة التفاعل المحفز لكل من الانزيم GPT ومتناظراته V, IV, III, II, I**

استعملت الطريقه المذكوره في الجزء ــ جـ لحساب نشاط المتناظر مع اختيار فترات زمنيه مختلفه للحضن في الحمام المائي (37)°م (15, 45, 90, 120, 150) دقيقه واعيدت التجربه نفسها على مجموع متناظرات GPT مصل الدم ، واستخدم 1 سم^3 من التركيز الاوفق للمتناظر وكان تركيز مواد الاساس (0.1)M بالنسبه لحمض DL - alanine و (1.5×10^{-3})M بالنسبة لـ ∝ - ketoglutarate ومن رسم العلاقه بين سرعة التفاعل وزمن الحضن تم حساب الوقت الاوفق لاجراء التفاعل ، حيث تكون سرعة التفاعل خلال هذا الوقت في قيمتها القصوى .

3 ــ **تعيين التركيز الاوفق لمادة الاساس حمض DL- Alanine**

تمت دراسة تأثير التراكيز المختلفة لحمض DL -alanine على سرعة التفاعل للمتناظرات الخمسه في مصل دم المرضى المصابين

بالكالازار باستعمال الطريقه المذكوره لقياس سرعة التفاعل ـ ج ، تم تثبيت المادة الاساس α-ketoglutarate وتغيير تركيز الماده الاساس حمض ال DL - alanine فكان خليط التفاعل يحتوى على مايلي :

0.1 M من المحلول المنظم برقم هيدروجيني 7.4 ، 1 سم^3 من محلول الجزء الناضج للمتناظر V, IV, III, II, I ، وتركيز (1.5×10^{-3} M) للماده الاساس α-ketoglutarate

اما تراكيز الماده الاساس DL - alanine محسوبه بالوزن الجزيئي الغرامي فكانت (60, 55, 45, 35, 30, 25, 15, 75, 90, 100) $\times 10^{-3}$ M لحمض DL - alanine ومن رسم العلاقه بين سرعة التفاعل وتركيز الماده الاساس حمض DL - alanine تم حساب التركيز الاوفق حيث تصل فيه سرعة التفاعل الى قيمتها القصوى .

4 ــ تعيين التركيز الاوفق لمادة الاساس α-ketoglutarate

تمت دراسة تأثير التراكيز المختلفة لـ α-ketoglutarate على سرعة التفاعل لكل من المتناظرات (V, IV, III, II, I) ومجموع GPT مصل الدم وذلك بقياس النشاط الانزيمي بالطريقة المذكوره في التحاليل المستعملة ــ ج وكان خليط التفاعل يحتوى على المكونات التاليه : المحلول المنظم برقم هيدروجيني (7.4) ، 1 سم^3 من محلول الجزء الناضج ، وتركيز (100×10^{-3} M) لحمض DL-Alanine والتراكيز التاليه من α-ketoglutarate محسوبه بالوزن الجزيئي الغرامي (0.16 , 0.2 , 0.45 , 0.6 ,1.0 ,1.2 ,1.5 ,1.8 , 2.0) $\times 10^{-3}$ M

واستعملت الطريقه نفسها لحساب التركيز الاوفق -α Ketoglutarate لمجموع المتناظرات لانزيم GPT .

5 - تأثير درجة حرارة التفاعل على نشاط كل من المتناظرات (I , II , III , IV , V) ومجموع متناظرات GPT مصل الدم :

استعملت الطريقه المذكوره في التحاليل المستعملة - حـ لقياس النشاط الانزيمي، حيث تم التفاعل في حمام مائي بدرجات حراره مختلفـه (20° , 25° , 37° , 47°, 55° , 60° , 65°) $^{\circ}$م ولمدة ساعتين اما التراكيز الوفقى للمواد الاساس (بوجود المحلول المنظم M (0.1) ورقم هيدروجيني 7.4) فهي :-

المتناظر	تركيز حمض Al-Alanine mM (ملي مول)	تركيز α-Ketoglutarate mM (ملي مول)
I	100	1.5
II	100	1.8
III	100	1.5
IV	75	1.8
V	100	1.5
مجموع متناظرات GPT مصل الدم	100	1.5

وتم تعيين درجة الحراره الاوفق من رسم العلاقه بين سرعة التفاعل ودرجات الحراره . وكان تركيز البروتين في مصل الدم 4.16 ملغم/مل ، امـا تراكيز البروتين للاجزاء الناضحه فقد كان (للمتناظر I , 0.208 ،

0.872 للمتناظر II و 0.35 للمتناظر III ، 0.65 للمتناظر IV و 0.55 للمتناظر V) ملغم /سم^3 .

6 - **تأثير الرقم الهيدروجيني على نشاط كل من المتناظرات (I , II , III , IV,V) ومجموع متناظرات GPT مصل الدم :-**

تمت دراسة تأثير الرقم الهيدروجيني على النشاط الانزيمي في درجات الرقم الهيدروجيني التاليه من محلول الفوسفات المنظم (6.0,6.4, 6.8 , 7.0 , 7.2 , 7.4 , 7.6 , 7.8 , 8.0 , 8.2) بتركيز (0.1) M . وقد استعملت التراكيز الاوفق للمواد الاساس ودرجات الحراره الاوفق لكل من المتناظرات I , II , III , IV, V كمايلي :

المتناظر	تركيز حمض DL-alanine (ملي مول)	تركيز Ketoglurarate- (ملي مول)	درجة الحراره م
I	100	1.5	37°
II	100	1.8	45°
III	100	1.5	37°
IV	75	1.8	37°
V	100	1.5	45°
مجموع متناظرات GPT مصل الدم	100	1.5	37°

وقد قيس النشاط حسب الطريقة المذكورة في التحاليل المستعملة في – ج. باستعمال زمن التفاعل ساعتين و 1 سم^3 من المتناظر ، وتعاد التجربة باستخدام رقم هيدروجيني مختلف لمحلول الفوسفات المنظم ومن رسم العلاقة بين سرعة التفاعل والرقم الهيدروجيني امكن معرفة الرقم الهيدروجيني الافضل .

7 – **تعيين قيم K, Km للمواد الاساس لكل من المتناظرات I , II, III , IV , V المستخرجة من امصال المصابين بالكالاازار :**

لقد استعملت الطرق المذكورة في (3 ، 4) لتعيين قيم الثابت Km والثابت Ḱ لـ DL-alanine و ∝-Katoglutarate وتم قياس النشاط في الظروف الافضل من تركيز الانزيم (2 سم^3) . زمن التفاعل (2 ساعة) ودرجة حرارة التفاعل المثلى (37 م°) للمتناظر I , III , IV ولمجموع متناظرات GPT مصل الدم ودرجة (45 م° للمتناظر V, II) ، والرقم الهيدروجيني الامثل لكل من المتناظرات I , II , III , IV, V ومقداره (7.4) بالاعتماد على الطريقة المذكورة في التحاليل المستعملة – ج ، وللحصول على قيم Km استعملت الطرق التالية لرسم الاشكال البيانية للنتائج :–

أ– طريقة لنهويفر – بيرك (157) ، والتي تربط القيم المعكوسة لكل من السرعة وتركيز مادة الاساس $\frac{1}{V}$ VS $\frac{1}{[S]}$

ب– الطريقة الخطية المباشرة والتي اقترحها ايزنثال وكورنش – بودن .

ج– تحسب قيمة الثابت Ḱ للمواد الاساس عند خضوع المتناظر

للشكل البياني الاسي عند ها تستخرج قيمة K كالاتي :ـ

$$\frac{1}{n} = \frac{\text{Log}\ \frac{(S)0.75}{(S)0.25}}{\text{Log}\ 81} \quad , \quad K' = (S)^{n}_{50}$$

8 ـ تأثير الرقم الهيد روجيني على قيم الثابت Km ؛ K :

لقد تمت د راسة تأثير الرقم الهيد روجيني على قيم الثابت Km للمتناظرات V, IV , II باستخدام تراكيز مختلفه للمـاد ه الاساس DL - alanine مع التركيز الاوفق من Ketoglutarate -α كما مبين ادناه وبوجود درجات الرقم الهيد روجيني التاليه من المحلول المنظم :ـ

(8.4, 8.0, 7.8, 7.6, 7.4, 7.2 , 6.8, 6.4 , 6.0) وتم قياس النشاط الانزيمي كما في الطريقة المذكوره في التحاليل المستعملـة بـ باستخدام الظروف الاوفق من تركيز الانزيم (2 سم^2) زمن التفاعل (2 ساعه) ودرجة حرارة التفاعل :ـ

المتناظر	تراكيز حمض DL-Alanine (ملي مول)	تركيز α-Ketoglutarate (ملي مول)
I	100,95,5?,10,0.95,0.8,0.57,0.33,0.228	1.5
II	100,95,57,10,0.95,0.8,0.57,0.33,0.228	1.8
III	100,95,57,10,0.95,0.8,0.57,0.33,0.228	1.5
IV	0.228,0.15,0.11,0.058,0.025,0.005,0.001	1.8
V	0.228,0.15,0.11,0.058,0.025,0.005,0.001	1.5

9 - **تأثير درجة الحراره على قيمة الثابت Km والثابت K´**

لقد تمت دراسة تأثير درجة الحراره المختلفه على قيمة الثابت Km وعلى الثابت K´ ،حسبت قيم هذه الثوابت والتراكيز المستعملة كما في الفقره اعلاه حيث اجري التفاعل بدرجات حراره مختلفة (15 ,25 ,37, 45 , 55 , 60) م°.

10 - **تثبيط متناظرات ال GPT , II , IV , V ومجموع متناظرات الانزيم GPT في مصل الدم من امصال المرضى المصابين بالكالاازار :**

أ - **التثبيط بواسطة حمض L- Proline** (159)

تمت دراسة تأثير حمض L- Pro على المتناظرات II , IV , V المستخرجة من امصال المصابين بالكالاازار وذلك بوجود المحلول المنظم ذو التركيز (0.1) M وباستعمال المحلول المنظم الذي يعطي الرقم الهيدروجيني الاوفق لكل متناظره اما تراكيز محاليل L- Pro المستعملة فقد بلغت

(0.0 , 1.0 , 25 , 50 , 70 , 100) $X\ 10^{-3}$ M

وقد تم استعمال تراكيز مختلفة من حامض DL - alanine بينما يمثل تركيز α - Ketoglutarate التركيز الاوفق. وذلك في الجزء الاول من التجربة وحسب الجدول التالي :

المتناظر	تراكيز DL-Alanine mM (ملي مول)	تركيز α-Ketoglutarate mM (ملي مول)
II	100,57,33,2.28, 1.14	1.8
IV	100,80,57,2.28, 1.14	1.8
V	100,57,2.28,0.11,0.056	1.5

اما في الجزء الثاني فقد اعيدت التجربه وذلك باستعمال تراكيز مختلفه لـ α- Ketoglutarate بينما استعمل التركيز الاوفق لـ DL-Alanine حسب الجدول الاتي :-

المتناظر	تراكيز α-Ketoglutarate mM (ملي مول)	تركيز DL-Alanine mM (ملي مول)
II	1.5,1.1,0.086,0.044,0.022	100
IV	1.5,1.1,0.044,0.022,0.0114	75
V	1.5,1.1,0.044,0.022,0.0114	100

وقد تم قياس النشاط الانزيمي حسب ماورد في الطريقه المذكوره في التحاليل المستعملة ــ مع اجراء بعض التغييرات التاليه بحيث اصبح انبوب الاختبار يحتوى على :

سم من احد المتناظرات V, IV , II مضافا اليه (0.15)سم^3 من DL- Alanine و(0.1) سم^3 من α- Ketoglutarate , (0.25) سم^3 من المثبط .

ب - التثبيط باستعمال ال Acetone

استعمل في هذه التجربه ال Acetone كمثبط وتمت دراسة تأثيراته على نشاط كل من المتناظرات II , IV , V في مصل الدم المصابين بالكالاازار وباستعمال التراكيز التاليه للـ (0.00 , 0.01 , 0.005 , 0.001 , 0.0005 , 0.00005)ml,

وتم تجزئة التجربه الى جزئين ، في الجزء الاول استعملت تراكيز مختلفة من حامض DL-ala. (0.0228 , 0.57 , 100)mM مع التركيز الاوفق من Ketoglutarate -α (1.5) mM وفي الجزء الثاني تم استعمال تراكيز مختلفة من Ketoglutarate -α (0.044 , 0.86 , 1.5) mM مع التركيز الاوفق من حامض DL- ala (100) mM والتحويرات التي اجريت على طريقة القياس للنشاط الانزيمي مذكوره في الجزء (رابعا 10 -1) من التحاليل المستعملة .

جـ - لوحظ ان نواتج التفاعل تعمل تثبيط مع مرور الزمن لاكثر من (3) ساعات ، لذلك تمت دراسة تأثير المده الزمنيه على نشاط كل من المتناظرات I , II , III , IV , V ومجموعهما في مصل الدم واستخدمت طريقة القياس للنشاط الانزيمي المتبعه في الجزء رابعا (10-1) والوقت المستخدم (0 , 2.0 , 2.5 , 3.0 , 3.5) ساعه ، واستخدم في الجزء الاول من التجربه تراكيز مختلفه من حامض DL - ala (0.1 ,

M (0.0005 , 0.0011, 0.00228, 0.057)

والتركيز الاوفق لـ Ketoglutarate -&-وفي الجزء الثاني

تم استعمال تراكيز مختلفة مـــن &-Ketoglutarate

مع التركيز $M\ 10^{-3}\ X$ (0.022 , 0.044, 1.1 , 1.5)

الاوفق لـ DL – alanine .

11 – **قياس تراكيز المغنيسيوم ، الكالسيوم والخارصين والنحاس لمتناظرات الانزيم GPT V, IV, II, II, I, في مصل دم الاطفال المصابين بالكالازار :**

استعمل جهاز الامتصاص الذرى من النـــــوع
Unicam SP 190/191 Atomic absorption Single Beam

Spectrophotometer لقياس تراكيز هذه الالكتروليات حيث تم تحضيره باستخدام اعلى قيمة للحساسية وبواسطة الماء عديم الايونات (Deionized water) الذى يمثل كفوء الكواشف (Blank) حيث استعمل لاجراء عملية تصفير الجهاز ، واستعملت محاليل قياسيه بتراكيز مختلفة لكل عنصر لغرض ضبط تدريج الجهاز ، حيث باستعمال المحلول القياسي باعلى تركيز تم الحصول على اعلى قيمة للامتصاص ثم يصفر بكفوء الكواشف وباستعمال المحلول القياسي الحاوى على نصف التركيز واعطى الجهاز نصف قراءة الامتصاص الاولى بعدها استعملت المحاليل للاجزاء الناضجه للمتناظرات I , II , III , IV , V وقيس تركيزها من الالكتروليات مقدرا بالجزء من المليون PPm .

المحاليل المستعملة :

1ـ محلول خزين الخارصين (بتركيز 100 ملغم /لتر) :

يحضر من اذابة (0.1) غم من عنصر الخارصين في (10) سـم^3

من HCl (5N) ويكمل الحجم الى اللتر بواسطة الماء المقطر ،

ثم تحضر محاليل اخرى بتراكيز (10) ملغم /لتر و(100) مايكروغرام /

لتر بواسطة التخفيف .

2ـ محلول خزين الكالسيوم (بتركيز 2.5 mM /لتر) :

يحضر باذابة (0.2496) غم من كاربونات الكالسيوم فـي

قليل من حمض HCl المركز ويكمل الحجم الى اللتر بالماء المقطر، ثـم

يحضر منه محلول تركيزه (0.25) mM /لتر بالتخفيف .

3 ـ محلول خزين المغنيسيوم (بتركيز 7.0 mM /لتر) :

يحضر باذابة (0.182) غم من اوكسيد المغنيسيوم فـي

قليل من حمض HCl ويكمل الحجم الى اللتر بالماء المقطر ، ويحضــر

من المحلول الناتج محلولين بتركيز (0.75) mM /لتـر

و (0.075) mM /لتر بالتخفيف .

4ـ محلول خزين النحاس (بتركيز 100 ملغم /لتر) :

يحضر باذابة 0.100 غم من عنصر النحاس النقي في 20 سم^3

من HNO$_3$ (5N) ويكمل الحجم الى اللتر ويخزن في قنينـــة

بلاستيكية Polyethylene ثم تحضر منه محاليل اخرى بتركيـز

10 ملغم /لتر ، ومحلول بتركيز 100 مايكروغم /لتر .

Chapter three

Results & Discussion

النتائج والمناقشة

تهاجم طفيليات الليشمانيا دونوفان الجهاز الشبكي الاندوثيلي الذي يشمل الخلايا المتخصصه في الكبد ،الطحال ،ونخاع العظام وينعكس تأثيرها بشكل تغيرات (35) في نشاط بعض انزيمات مصل الدم والتي يمكن ان تعطينا صورة اثر الطفيلي على هذه الاحشاء (84),(83),(81),(25) • في البداية كان قياس نشاط الانزيمات الكليه هو المتبع والمعتمد عليه في التشخيص ولم يكن هنالك اى اهتمام بتغير القيم الحركيه المختلفه عند حدوث التغيرات الفيزيولوجيه والمرضيه •

ومن المعلوم ان لكثير من الانزيمات متناظرات عده ومنها GPT واظهرت الدراسات بأن دراسة المتناظرات دراسة تفصيليه اعم فائده واكثر دقه من الدراسات (153), (104) الحركيه للانزيم نفسه وانها تفضل عليها • واخيرا طرأ الاهتمام على دراسة القيم الحركيه للانزيمات مع متناظراتها ومحاولة تعيين القيم الحركيه لكل انزيم تحت ظروف مرضيه مختلفه • ولمتناظرات الانزيم وفصلها اهمية تشخيصيه كبيره وتأتي هذه الاهميه نتيجة للتغيرات الحاصله في نمط توزيع المتناظرات التي تعتبر صفه مميزه لذلك المرض وللمرحله التي وصل اليها (160) ، وعلى ضوء ذلك فقد تم اختيار الانزيم GPT لاهميته التطبيقيه والتشخيصيه (103) ، حيث امكن فصل متناظرين ل GPT من السايتوبلازم (161) والمايتوكونديريا • وقد استطعنا فصل وتمييز خمس متناظرات بطرق متعدده منها الهجره الكهربائيه بانواع مختلفه ، والدراسات الحركيه ،والصفات الفيزياويه الكيمياويه التي تتضمن التركيب البنائي والوزن الجزيئي وغيرها • والفصل بالطرق المناعيه • اما الدراسات المتعلقه بالمقارنه للمتناظرات في مصل الدم البشرى الطبيعي فتشير الى انه تم فصل وتنقية خمسة متناظرات للانزيم من مصل الاطفال الطبيعيين ،

واربعة متناظرات للانزيم في مصل الدم للشخص الطبيعي البالغ ولم تسجل قيم الثوابت الحركيه لها لاجل مقارنتها بالحاله المرضيه • وقد ارتأينا في هذه الرساله دراسة متناظرات الانزيم GPT في الاطفال المصابين بالكالاازار لعدم ورودها في الادبيات وقد استعملت طريقة كروموتوغرافيا بسيطه وحساسه وتعتمد على استخدام الجل المبادل للأيونات السالبه DEAE - Sephadex A-50 بالاضافه لدراسة هذه المتناظرات من الناحيه الحركية •

اولا : دراسة مستوى نشاط الانزيم GPT وفصل متناظراته في امصال الاطفال المصابين بالكالاازار والاطفال الطبيعيين :-

أ- مستوى نشاط الانزيم :

تم تعيين مستوى نشاط الانزيم GPT في مصل الدم ل (68) طفل مصاب بالكالاازار قبل العلاج وقد تم تشخيص اصابتهم بالمرض من قبل الاطباء الاخصائيين ، ففي (Table (1)) نلاحظ مستوى نشاط الانزيم في الاطفال المصابين بالكالاازار قد تراوح بين (38.3 - 96.2) وحده عالميه/لتر وارتفع بالمقارنه مع الاطفال الطبيعيين (3.6 - 29.0) (162) وحده عالميه/لتر • ارتفعت فعالية الانزيم في (45) من (68) حاله مرضيه تمت دراستها اي بنسبة 66% وهذه النسبه اكثر من تلك التي ذكرها Al- Saffar (81) والتي بلغت 40% ، ويعزى ارتفاع فعالية الانزيم في معظم العينات المرضيه الى الاثر التخريبي الذي تسببه (154) طفيليات الليشمانيا في خلايا الكبد والطحال والذي يؤدي الى تحرر الانزيم الى المصل •

ب ـ فصل وتنقية متناظرات الانزيم GPT :

استخدمت طريقة كروموتوغرافيا مبسطه تعتمد على الترشيح بالجل المبادل للايونات السالبه DEAE Sephadex A-50 المطبقه على الحالات الطبيعيه والمرضيه (خاصة المتعلقه بامراض الكبد) لفصل متناظرات الانزيم GPT من مصل الدم للاطفال المصابين بالكلاازار والطبيعيين .

توضح (Fig 1,2) فصل خمس متناظرات للانزيم من مصل دم الاطفال المصابين بالكلاازار والطبيعيين بالتعاقب ، تظهر على شكل خمس قمم (Peaks) المتناظر I (موجب الشحنه) معدل فعاليته كانت (3.7) وحده عالميه/لتر لمرضى الكلاازار و(2.1) وحده عالميه/لتر للاطفال الطبيعيين ينزل خلال عملية الروغان بمحلول الفوسفات المنظم ، المتناظر II (موجب الشحنه) معدل فعاليته (59) وحده عالميه/لتر لمرضى الكلاازار و(8.72) وحده عالميه / لتر للاطفال الطبيعيين ينزل ايضا خلال عملية الروغان بمحلول الفوسفات المنظم .

اما المتناظر III (سالب الشحنه) معدل فعاليته (3.5) وحده عالميه/لتر لمرضى الكلاازار و(2.58) وحده عالميه/لتر للاطفال الطبيعيين ينزل خلال عملية الروغان التدريجي بمحلول كلوريد الصوديوم (0.25) M .

اما المتناظر IV (سالب الشحنه) معدل فعاليته (24.8) وحده عالميه/لتر لمرضى الكلاازار و(2.2) وحدة عالميه/لتر للاطفال الطبيعيين وينزل خلال عملية الروغان التدريجي بمحلول كلوريد الصوديوم

(0.25) M .

اما المتناظر V (سالب الشحنه) معدل فعاليته (33.4) وحده عالميه/لتر لمرضى الكالاازار و(6.5) وحده عالميه للاطفـال الطبيعيين وينزل خلال عملية الروغان التدريجي بمحلول كلوريد الصوديوم (0.35) M .

يظهر من هذا ان المتناظرين I و II لا يمدصان بواسطة الجل المبادل للايونات السالبه DEAE Sephadex A-50 لذلك ينزلان في المحلول الناضح خلال عملية الروغان بمحلول الفوسفات المنظم ويكونان موجبا الشحنه . بينما المتناظرات III و IV و V تمدص بواسطة الجل ولا ينزلوا الا بعد عملية الروغان التدريجي بمحلول كلوريد الصوديوم M (0.25) ويليه محلول كلوريد الصوديوم M(0.35) بعد ان تحل ايونات الكلوريد السالبه محل المتناظر ، لذا يكون المتناظرين III و IV سالبا الشحنه والمتناظر V اشد سالبيه . نزلت المتناظرات الخمسه في فترات زمنيه مختلفه خلال عملية الفصل كما هو موضح في (Fig 1,2) حيث انها متباعده عن بعضها وهذا يشير الى وجود تمايز في اوزانها واحجامها الجزيئيه ، المتناظر II يكون ذو وزن جزيئي عال والمتناظر I ذو وزن جزيئي اقل ، اما المتناظر III فيكون ذو وزن جزيئي اقل مقارنة مع المتناظر II .

يوضح (Table 2) درجة تنقية المتناظرات V,IV, III, II , I في الحالة المرضيه حيث يتميز الجزء الناضح الذى يحوى المتناظر I ، III

IV باحتوائه على كمية قليله من البروتين وان درجة التنقيه لهم بلغـــت للمتناظر I (49.5) ، وبلغت درجة التنقية للمتناظرين III , IV (47.14) ، (48.43) على التوالي بعكس المتناظرين V, II حيث بلغت درجة تنقيتهما (28.36) , (25.24) على التوالي لاحتوائهمـــا على كمية بروتين عاليه نسبيا .

ويبين (Table 3) درجة تنقية المتناظرات الخمسه في الحالـــة الطبيعيه حيث كانت كالاتي (75) (17.29) ,(127.1)(7.00) ,(30.95) للمتناظرات I , II , III , IV ,V على التوالي ، ويتميز المتناظـــر III باعلى درجة تنقيـــة .

بلغت نسبة الفعاليه النوعيه في الحالة المرضيه للمتناظرات I ,II ,III, V, IV الى تلك الفعالية للمتناظر V (1:2: 2: 1.1 : 2) ، امـــا هذه النسبه في الحاله الطبيعيه فكانت (1:0.3:0.4:1.3:0.3).

يتضح من هذا ان الفعاليه النوعيه للمتناظر I في الحالة المرضيـــــه ارتفعت بمقدار (47.65) عن تلك الفعاليه للمتناظر نفسه في الحالــــة الطبيعيه ، بينما بلغ هذا الارتفاع (33) للمتناظر II ، اما المتناظـــر III فقد ارتفع بمقدار (33.65) عن فعالية نفس المتناظر في الحالـة الطبيعيه . وبلغ اعلى ارتفاع للمتناظر IV (55.4) في الحاله المرضيه ، اما المتناظر V فقد ارتفع بمقدار (12.8) عن تلك الفعاليه في الحاله الطبيعيـه .

يمثل (Fig. 3) رسما تخطيطيا لنمط توزيع متناظرات الانزيـــم في الحالة الطبيعيه والمرضيه حيث يظهر هنالك زيادة طفيفه في فعاليـــة

المتناظرين I ,III بلغت (1.6) ,(0.95) وحده عالميه/لتر على التوالي ، بينما ارتفعت فعالية المتناظرات II , IV , V بصورة كبيره بالمقارنة مع الحالة الطبيعيه حيث بلغت هذه الزيادة (88 .49) (22.6) ، (26.9) وحده عالميه / لتر .

تختلف طرق فصل متناظرات الانزيمات من حيث المبدأ والخطوات المستخدمة لتلك النتائج التي يحصل عليها حيث تكون مختلفة ، ومن هنا تظهر صعوبة المقارنه بين النتائج باستعمال طرق مختلفه للفصل . استعملنا في هذه الرساله نفس طريقة الفصل ونفس الظروف المتعلقه بعملية الفصل بالنسبه لمرض الكالاازار والاطفال الطبيعيين لذلك توفر لنا المجال لمقارنة النتائج . ولما كان الاعتقاد بان الانزيم GPT يتكون في الكبد والطحال (163) وان طفيليات الليشمانيا في الكبد تسبب تخريبا في خلايا الجهاز الشبكي الاندوثيلي (Kuppfer cells) فقط ولا تؤثر على خلايا انسجة الكبد الاخرى ، وان النتائج التي حصلنا عليها تشير الى ان فعالية المتناظرين I و III ازدادت زيادة ليست بالكبيره ، اما الزياده التي حدثت للمتناظرات II , IV ,V فهي كبيره نسبيا وعلى ضوء ذلك يمكن الاقتراح بان كل من المتناظرات II , IV ,V تتكون في كل من الكبد والطحال ، اما المتناظرين I و III فتتكون في مصدر خارج الكبد والطحال .

باستعمال نفس طرق فصل متناظرات الانزيمات من حيث المبدأ والخطوات المستخدمة امكن فصل اربع متناظرات مختلفه ومتباعده عن بعضها لمصل دم الاشخاص البالغين الطبيعيين وتراوحت الفعاليه لانزيم GPT ضمن

الحدود (7.8 - 33.8) وبذلك تختلف هذه النتائج عما حصل عليه Fadhallah (103) حيث تمكن من فصل متناظرين لانزيم GPT من مصل الدم للاشخاص البالغين الطبيعيين .

ثانيا : متابعة نمط توزيع متناظرات الانزيم GPT (V, IV, III, II, I) قبل واثناء معالجة مرضى الكالاازار بمركب البنتوستام :

تم قياس نشاط كل من المتناظرات V, IV , III, II, I قبل وخلال فترة المعالجه ،يبين (Fig. 6) ان نشاط المتناظرين III,I يبقى غير متأثر تقريبا مع استمرار المعالجه حيث كانت قيمة نشاط هذين المتناظرين قبل العلاج (6.25) , (6.0) وحده عالميه/لتر وبعد الزرقه السابعه من مركب البنتوستام اصبح نشاط المتناظرين III, I (5.8) ,(6.4) وحده عالميه /لتر .

اما المتناظران IV, II فان نشاطهما اخذ بالانخفاض التدريجي مع استمرار المعالجه حيث كانت قيمتهما قبل العلاج (28. 0) (8.5) وحده عالميه/لتر، واصبحت (18.2) , (5.3) وحده عالميه/لتر بعد الزرقه السابعه من مركب البنتوستام (مقدار الزرقه الواحده 1 سم^3 وتعادل 100 ملغم من Pentavalent antimony .

اما المتناظر V فقد ازداد نشاطه بشكل ملحوظ مع استمرار العلاج حيث ارتفعت قيمة نشاط المتناظر V من (22) وحده عالميه/لتر قبل العلاج الى (30.2) وحده عالميه/لتر بعد الزرقه السابعه من البنتوستام .

يبين (Fig. 7) رسما تخطيطيا لتوزيع متناظرات الانزيم GPT
V, IV , III, II, I قبل واثناء المعالجه .

تتفق الزياده في نشاط المتناظر V اثناء المعالجه بمركب البنتوستام مع تلك التي تم الحصول عليها بالنسبه لتأثير المعالجه بمركب القصد يسر (84) (N- methyl glucamine antimoniate) على نشاط الانزيم GPT حيث وجد انه يرتفع بالمقارنه مع ما هو عليه قبل العلاج . كذلك تتفق مع الدراسه التي اجريت على نشاط الانزيم GPT في مجموعه من حالات الاصابه (82) بالكالاازار للاطفال قبل واثناء العلاج بمركب (glucantin) . حيث وجد ان معدل نشاط الانزيم قبل المعالجه قد بلغ (76.6) وحده عالميه/لتر وبعد (9) ايام من بدء العلاج انخفض نشاط الانزيم GPT وبلغ معدله (59.9) وحده عالميه/لتر وبلغ معدل نشاطه (37.7) وحده عالميه/لتر في نهاية العلاج .

ثالثا : دراسة الصفات الفيزياويه لمتناظرات الانزيم GPT في مصل دم الاطفال المصابين بالكالاازار :

أ- باستعمال الهجره الكهربائيه

تمت دراسة الصفات الفيزياويه لهذه المتناظرات باستعمال جهاز الهجره الكهربائيه حيث يبين (Fig. 4) ان للمتناظر I نفس صفات γ - globulin ، وان المتناظر II له نفس حركة β - globulin والمتناظر III له نفس حركة α_2 - globulin والمتناظر V له نفس حركة

1- globulin ‹— اما المتناظر IV فله نفس حركة ال Albumin .

ب ـ طريقة تعيين نقطة تساوى الشحنه لكل من متناظرات الانزيم GPT : V , IV , III , II , I

تعتبر الاحماض الامينيه الوحدات البنائيه الصغرى لجزيئة البروتين وهذه الاحماض تختلف في عدد الشحنات الكهربائيه التي تحملها وبالتالي فان البروتينات تختلف فيما بينها من حيث المحصله النهائيه للشحنات الكهربائيه الموجبه والسالبه فاما يكون البروتين سالب او موجب او متعادل وتعرف PI بانها النقطه التي يتساوى فيها عدد الشحنات الموجبه والسالبه وتكون جزيئة البروتين في هذه الحاله عديمة الشحنه . وتعتبر نقطة تساوى الشحنه احدى الثوابت الفيزيائيه لكل بروتين ، يستفاد منها في عملية فصل البروتينات بطريقة بؤره تعادل الشحنه ولم تتطرق الادبيات الى قيم PI لمتناظرات الانزيم GPT ، لذا تم ايجاد هذه القيم باستعمال جهاز (LKB 2117 multiphor system) وقد اظهرت النتائج عدم ظهور بروتينات المتناظر I بصورة واضحه وذلك يعود الى قلة قابلية ذوبانها التي نتجت اما عن التجفيف (Freeze drying) او عن عملية تخليص البروتين من الاملاح (Dialysis) اما المتناظر II فقد تم فصله الى (4) حزم ذات ارقام هيدروجينيه تتراوح مابين (8.6 - 8.75) وهذه الحزم قريبه من القطب السالب ، واظهر المتناظر III (3) حزم ذات ارقام هيدروجينيه تتراوح بين (4.35 - 4.65) واظهر

المتناظر IV (9) حزم بروتينيه بصورة واضحه جدا وذات ارقـــــام هيد روجينيه تتراوح مابين (4.4 - 6.65) اما المتناظــر V فقد اظهر (7) حزم بروتينيه واضحة جدا وتتراوح الارقام الهيد روجينيه بين (4.7 - 5.4) . اما قيم PI للمتناظر II فقـــد بلغت (8.6 , 8.55 , 8.7 , 8.75) اما قيم PI للمتناظر III فقد كانت (4.35 , 4.5 , 4.65) اما للمتناظـــر IV فقد بلغت قيم PI (4.4 , 4.55, 4.65, 4.86, 5.1 , 5.25, 5.35, 5.5, 6.65) اما قيم PI للمتناظر V فقد بلغـــــت (4.7 , 4.8 , 4.86 , 4.95 , 5.1 , 5.25, 5.4) .

مما لا شك فيه ان فصل المتناظرات بهذه الطريقة اعطانا صـــورة اوضح عن طبيعة البروتينات المكونه لكل متناظر مما يساعد على التوســع في دراسة هذه البروتينات مستقبلا .

جـ - قياس الوزن الجزيئي باستعمال طريقة :

قياس الوزن الجزيئي بطريقة الضغط الازموزي Osmotic Pressure لمتناظرات الانزيم GPT V, IV, III, II, I :

تم قياس الضغط الازموزي لمتناظرات الانزيم GPT III, II, I V, IV وذلك باستعمال جهـــــاز Halbmikro Osmometer وتوضح (Fig. 10-8) العلاقه بين π/conc ضد Conc. ومن الخط البياني تم حساب π/conc$_{\to 0}$ ، وعند اقتراب التركيـز من الصفر وذلك لتصحيح المعادله الى غير المثاليه non-ideality .

وتطبيق المعادلات في الجزء العملي (حـ 3) ، تم حساب الــوزن الجزيئي (Table 4) حسب المعادلـه :

$$M.wt = \frac{CRT}{\text{٢٢}}$$

حيث بلغ للمتناظر I 10660 غم / مول و 203340 غم / مول للمتناظر II و 19400 غم / مول للمتناظـر III 89544 غم /مول للمتناظر IV و 30232 غم / مول للمتناظر V ، يظهر من النتائج التي تم الحصول عليها اختلافـا ملحوظا للاوزان الجزيئيه لهذه المتناظرات .

د ـ دراسة ظاهرة الانتباذ لمتناظرات الانزيم GPT V, IV, II :

استعمل لغرض دراسة هذه الظاهرة جهـــــاز
MSE model centriscan 75 analytical Ultracentrifuge

حيث تعتمد سرعة الترسيب على الوزن الجزيئي لجزيئة البروتين فكلما كبرت جزيئة البروتين يتم ترسيبها اسرع من صغيرة الوزن الجزيئي واختيـــرت المتناظرات V, IV , II لدراسة هذه الظاهره وذلك لتبايـن حركتها اثناء عملية الفصل بواسطة الهجره الكهربائيه وظهور كل من هـذه المتناظرات بشكل حزم منفرده .

تعتبر هذه الطريقه من اهم الطرق لحساب الوزن الجزيئي حيث يمكن حساب معامل الترسيب $S_{20,w}$ وتطبيقه في المعادلات المذكوره في الجزء (د ـ 3) من الجزء العملي ، واستخدمت ظاهرة الانتبـاذ لحساب كل من :

1 - قياس معامل الترسيب Determenation of Sedimentation Coefficient

استخدم Schlieren diagram لغرض رسم (Fig 14-12)

ويحسب الميل slop من رسم الزمن Time (sec) ضد

log X حيث x تمثل مسافة تحرك القمه ومن ثم التعويض

في المعادلتين :

$$W = \frac{2\pi \cdot \text{Speed in r. p. m.}}{60}$$

$$S(\exp) = \frac{2.303\ (\log f(x_2) - \log f(x_1))}{W^2\ (t_2 - t_1)}$$

وبلغ معامل الترسيب للمتناظر II (0.5×10^{-13}) وللمتناظر

IV بلغت قيمة معامل الترسيب (0.13×10^{-13}) وللمتناظر

فقد بلغ معامل الترسيب القيمه (0.61×10^{-13}).

2 - قياس معامل الانتشار Determination of Diffusion Coefficient

استعمل نظام Schlieren Optical وحسب معامل

الانتشار بسرعة 45, 000 دوره في الدقيقه وتمت القراءة في

كل (10) دقائق واخيرا رسمت الاشكال وتم حساب معامل الانتشار

للمتناظرات II , IV , V وذلك من حساب مساحة

وارتفاع كل قمة لكل متناظر على حدى كما في (Fig . 11) ,

(Table 4) . نرسم الاشكال البيانيه

(Fig 15, 16) ونحصل على قيم الميل slop من رسم

الزمن $T\ (sec)$ ضد $(area / h)^2$ ومن ثم

يطبق القانون : $D = \frac{slop}{4\pi}$

حيث D = معامل الانتشار

و h = ارتفاع القمه

ويلغ معامل الانتشار D للمتناظر II (2.6×10^{-5})

وللمتناظر IV (7.9×10^{-5}) ، اما المتناظر V

فقد بلغ معامل انتشاره (2.63×10^{-3}) .

3 – حساب الوزن الجزيئي للمتناظرات II , IV , V :-

Calculation of Molecular weight for II, IV,V isoenzymes

تم قياس قيم معامل الترسيب $S_{20,w}$ ومعامل الانتشار $D_{20,w}$ ومن ثم استعملت معادلة Svedberg equation لحساب الوزن الجزيئي لمتناظرات الانزيم GPT V, IV , II كما في (Table 4).

$$M.\ wt = \frac{RT\ S_{20.w}}{(1-\bar{V}\rho)\ D_{20,w}}$$

وبلغ الوزن الجزيئي للمتناظر II (220961.5) غم /مول باستخدام Schlieren or Moving Band Diagram والوزن الجزيئي للمتناظر IV قد بلغ (117075. 94) غم /مول ، اما المتناظر V فقد بلغ وزنه الجزيئي (35215) غم /مول .

هـ - دراسة طيف الامتصاص لمتناظرات ال GPT الخمسة في مصل الاطفال المرضى بالكالازار :

يوضح (Table 11) امتصاص الاحماض الامينيه وباطوال موجيه مختلفه تقع ضمن المنطقه فوق البنفسجيه • ظهرت قمتان لطيف امتصاص المتناظر I احدهما في (205 nm) والاخرى في (260 nm) ، وتختلف عند وجود مادة الاساس معه حيث يتغير الامتصاص الى طول موجي اعلى (225 nm) بالنسبه للقمه الاولى وتختفي القمه الثانيه • وهذا الاختلاف ناتج عن تكوين معقد بين الانزيم ومواد الاساس وهذا يؤثر على امتصاص الاحماض الامينيه الموجوده في المراكز النشطه للمتناظر •

اما المتناظر II فقد اظهر قمتان للامتصاص في (230 nm) والاخرى في (275 nm) وبوجود مواد الاساس بقي اعلى امتصاص بنفس الطول الموجي ولكن حصل ارتفاعا طفيفا في امتصاص القمه الاولى ، وانخفاض طفيف في القمه الثانيه •

اظهر المتناظر III قمتان للامتصاص في (215 nm) والاخرى في (275 nm) ولكن بوجود مواد الاساس ارتفع الامتصاص قليلا بالنسبة للقمه الاولى واختفت القمة الثانية •

اما المتناظر IV فقد اظهر قمتان للامتصاص احدهما في (230 nm) والاخرى في (280 nm) وعند وجود مواد الاساس بقيت القمة الاولى عند نفس الطول الموجي (230 nm) ولكن بامتصاص اعلى قليلا واختفت القمة الثانية •

اما المتناظر V فقد أظهر قمتان للامتصاص احدهما في(nm 220) والاخرى
في (275 nm) وتختلف عند وجود مواد الاساس مع المتناظر حيث يتـــم
(158)
أعلى امتصاص بطول موجي (225 nm) وتختفي القمـة الثانيـة •

أما طيف الامتصاص عند وجـود مواد الاساس فقط فقد أظهرت قمـــة
واحدة للامتصاص وفي طول موجي (235 nm) •

درس طيف الامتصاص للمتناظر II ووجد هناك قمـة للامتصاص بطـول
موجـي (235 nm) واخذت قراءات طيف الامتصاص عند وجود L-pro مع
المتناظر II ووجـد أعلى امتصاص بطول موجي (385 nm) أما عنـد
وجـود مادة الاساس DL-ala مع المتناظر II فقد وجد أعلـــى
امتصاص بطول موجي قدره (245 nm) ، وتفسر ظاهرة ازاحة القمـــة
لطيف الامتصاص على أساس ان الحامض الامينـي L-pro ينجذب الـى
(165),(159)
Pyridoxal - Phosphate والتي هـي Prosthetic group
لتكوين معقد يمتص في (385 nm) :

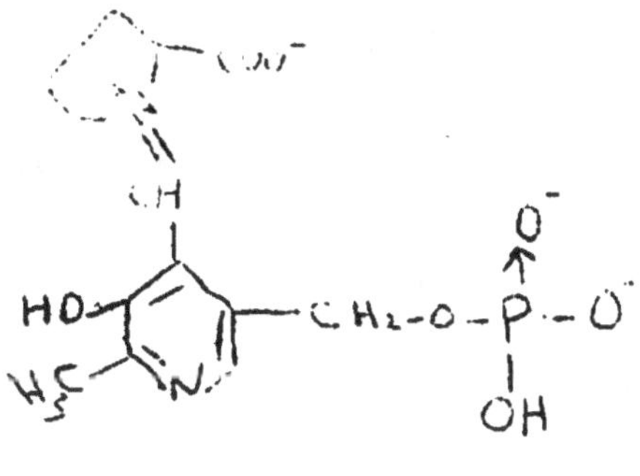

Pyridoxal - Proline Complex

ان الاختلافات في الاطياف تشير الى اختلاف تركيب جزيئات البروتيـــــن المكونه لكل من المتناظرات وتتميز كل من هذه المتناظرات بالطيف الخاص به ويثبت ان لانزيم GPT خمس متناظرات تختلف عن بعضها البعـــض ومن هذا نعزى الاختلاف في الظواهر الفيزياويه الاخرى ٠

ومن دراستنا لاطياف الاشعه فوق البنفسجيه وجدنا ان اطيـاف هذه المتناظرات تتأثر تأثرا محسوسا عند اضافة مواد الاساس للمتناظـرات الخمسه على التوالي ٠ ويمكن ان يعزى ذلك الى ارتباط ثنائي الكبريتيـد (disulfide bond) الذى يتكون بين جزيئتين مـــــن ال Cysteine باكسدة معتدله وان اصرة ثنائي الكبريتيـــد تختزل بسهولة لتعطي الكبريتيد ثانية كما في المعادله التاليـه :

$$2RSH \underset{\text{Reduction}}{\overset{\text{Oxidation}}{\rightleftharpoons}} RSSR.$$

رابعا : الصفات الكيمياويه لمتناظرات الانزيم GPT في مصل دم الاطفال المصابيـن بالكساح :

بعد عملية الفصل والتنقيه اتضح لنا مما سبق ان هناك خمس متناظـــرات للـ GPT I , II , III , IV , V من مصل دم المرضى المصابيـــــن بالكساح استنادا الى طرق الكروموتوغرافيا ، الهجره الكهربائيه ، ونقـــــط تساوى الشحنه ، ونمط توزيع المتناظرات يختلف عما هو عليه في الحالة الطبيعيه لذا حفزتنا هذه النتائج على التوسع في دراسة هذه المتناظرات من حيـــث الصفات الحركيه ومعرفة اثر المرض عليها وكذلك محتوى الاجزاء الناضحــــه الحاويه على المتناظرات من الالكتروليتات وذلك لغرض التمييز بينها وتأكيـــد

حقيقه كون هذه المتناظرات مختلفه عن بعضها ٠

أ- الخــواص الحركيـــه :

1 - **تأثير تركيز الانزيم المضاف وزمن التفاعل الكيمياوي على سرعة التفاعل**

يبين Fig (17) العلاقه الطرديه المتزايده بين تركيــــز المتناظر وفعاليته ويلاحظ ان سرعة التفاعل تصبح ثابته في التراكيز العاليه بالنسبه للمتناظرات V, IV, III, II, I ، كذلـــك يبين (Fig 18) ان سرعة التفاعل للمتناظر II تتناســب مع زمن حضانة التفاعل ، لكن بالنسبه للمتناظرات I , III , IV , V فان سرعة التفاعل تقل مع ازدياد زمن الحضن اكثر مـن ساعتين ، ويلاحظ ان اعلى نسبة لسرعة التفاعل عند زمن ساعتيـن والتي تكفي لانجاز التفاعل وبعد هذه المده يكون التفاعل تنازلي ٠

2 - **تعيين التراكيز الوثقى لمادتي الاساس DL - Alanine Ketoglutarate -∝- لكل من المتناظرات I , II, III, IV , V ومجموع متناظرات انزيم GPT :**

اجريت هذه التجارب استنادا الى التوصيات العالميه والتـــي توجب استعمال التراكيز المثلى لمواد الاساس عند قياس نشـاط الانزيمات المختلفه في مصل الدم وذلك للحصول على سرعـــــة قصوى للتفاعل (166) ،يتضح من (Fig. 19) ان كل مــــن المتناظرين IV , V ومجموع متناظرات GPT لمـادة الاساس DL - alanine تخضع لمعادلة ميكيلس - منتـن

$$V = \frac{V_{max}\ (S)}{K_m + (S)}$$

وان الشكل الناتج من رسم الفعاليه ضد تركيز مادة الاساس هــو

زائدى المقطع حيث ان $\frac{(DL-alanine)\ 0.9}{(DL-alanine)\ 0.1}$ كانـت

كالاتي (82 , 80 , 78) وبلغـت قيمـة

$\frac{(DL-alanine)\ 0.75}{(DL-alanine)\ 0.25}$ كالاتي (3 , 2.75 , 3.)

لكل من المتناظرين IV ; V ومجموع متناظرات GPT على

التوالي ، علما ان حاصل قسمة تركيزى مادة الاساس اللذيـن

يعطيان (%90 , %10) من السرعة القصوى يكـون (81)

للانزيم الذى يخضع لمعادلة ميكيلس ــ منتن ٠ اما القيمـه

$\frac{(\alpha-Ketoglutarate)0.9}{(\alpha-Ketoglutarate)0.1}$ فكانت (78 , 80 , 80)

لكل من المتناظرين IV, V ومجموع متناظرات GPT علـى

التوالي يتضح من (Fig 19, 20) ان اى من المتناظـرات

I , II , III لايخضعوا لمعادلة ميكيلس ــ منتن ، بـل
(167)
تخضع لمعادلة هل لمادتيه الاساس :

$$Log \frac{V}{V_{max} - V} = n \log (S) - \log K$$

وذلك لسببين : اولا ــ الشكل السيني الناتج عن رسم العلاقـه

بين تركيز مادة الاساس والفعاليه ، وثانيا ــ بسبب النسبـه

$\frac{(\alpha-Ketoglutarate)\ 0.9}{(\alpha-Ketoglutarate)\ 0.1}$, (8,11,12) = $\frac{(DL-alanine)0.9}{(DL-alanine)0.1}$

= (9, 13, 11) للمتناظرات III, II, I على

التوالي . علما ان النسبه بين تركيزي مادة الاساس اللذين

يعطيان (90 , 10%) من السرعة القصوى V_{max} هو

(9) للانزيم الذي يعطي شكلا سينيا بالنسبه للعلاقه بين

الفعاليه وتركيز مادة الاساس . كذلك يتضح من (Fig 19, 20)

بان هناك تثبيطا في التراكيز العاليه من مواد الاساس ويمكن

ان يعزى هذا التثبيط الى تكوين معقد خامل من خلال ارتباط

اكثر من جزيئة من مواد الاساس في المركز النشط للانزيم . ويبين

(Table 5) ان التراكيز الوفقى

لـ α- Ketoglutarate و DL - alanine لكل من

المتناظرات V, IV, III, II, I ومجموع GPT في

مصل الدم . بالنسبه لـ DL- alanine كان التركيز

الاوفق لكل من المتناظرات V, II , III , I ومجموع

متناظرات GPT هو M (0.1) ، اما المتناظر IV فكان

(0.075) M .

كذلك يبين (Table 5) التراكيز الوفقى

لـ α- Ketoglutarate حيث بلغت M (10^{-3} X 1.5)

للمتناظرات V, I , III ومجموع متناظرات GPT مصل

الدم ، اما المتناظرين IV, II فكان التركيز الاوفق

لـ α- Ketoglutarate هو M (10^{-3} X 1.8) .

تقارب معدل التراكيز الوفقى المذكوره اعلاه مع النتائج التي حصل عليها Ortancs (104) من مصل دم الاشخاص البالغين الطبيعيين في درجة حرارة (37)°م ورقم هيدروجيني (7.4) أن ظهور الشكل السيني للمتناظرات ومجموع مصل الدم يعزى الى عدة اسباب منها وجود الشوائب في جزيئة المتناظر ، وجود عدة مراكز نشطه للمتناظر وغيرها .

3- تأثير درجات الحراره المختلفه على نشاط المتناظرات V, IV , III , II, I ومجموع متناظرات GPT :

تمت دراسة تأثير درجة حرارة التفاعل المختلفه والتي تراوحت بين (20 - 65)°م على نشاط متناظرات الانزيم GPT V, IV , III , II, I ومجموعهما في مصل الدم للاطفال المصابين بالكالاازار . من المعلوم ان سرعة التفاعل تزداد بارتفاع درجة الحراره الى الدرجة الحراريه الاوفق ثم تبدأ السرعة بالانخفاض الى ان يفقد المتناظر فعاليته الانزيميه كليا (170) وذلك لحصول عملية اتلاف الجوهر الطبيعي لجزيئة المتناظره في هذه الحالة يتغير الترتيب الهندسي الفراغي بصورة لاعكسيه مع فقدان الفعاليه .

يبين (Table.5) و (Fig. 21) ان درجة حرارة التفاعل الاوفق لكل من المتناظرات V, IV , III , II , I هي (37)°, (45)°, (37)°, (37)°, (45)°م على التوالي .

يتضح من هذا بان الزيادة في نشاط المتناظرين II و V في مصل دم الاطفال المصابين بالكلاازار الناتجه عن زيادة درجة حرارة التفاعل حتى (45)°م ، يكون نتيجة لوجود هذين المتناظرين بنسبه عاليه واللذين يزداد نشاطهما بزيادة درجة حراره التفاعل حتى (45)°م .

تمت دراسة العلاقه بين لوغارتم السرعه القصوى لكل من المتناظرات I , II , III , IV, V ضد معكوس درجة الحراره المطلقه والتي تعطي خطا مستقيما (Fig. 22) والتي تتبع معادله ارنيوس التاليه :

$$Lnk = -\frac{E}{RT} + Constant$$

ان كل من المتناظرات I, III, IV ومجموع متناظرات GPT تخضع لمعادلة آرنيوس حتى درجة (37)°م ، اما المتناظرين V,II فيخضعان الى هذه المعادله حتى درجة الحراره(45)°م .

تم كذلك حساب الطاقه المنشطه للتفاعل (Ea) وذلك بتعيين ميل الخط البياني للوغارتم السرعه القصوى ضد معكوس درجة الحراره المطلقه والمتمثل بالمعادله التالية :

$$Log K = -\frac{E_a}{2.3 R} \cdot \frac{1}{T} + \log A$$

لذا فان ميل الخط البياني = $-\frac{Ea}{2.3 R}$

(168)

ان مقدار تأثير درجة الحراره يحدد بواسطة معامل درجة الحراره الذى يعرف بانه النسبه بين سرعة التفاعل في درجة حرارة التفاعل (t + 10) وسرعته في درجة (t) ويرمز له

ب Q_{10} $$Q_{10} = \frac{K_{t} + 10}{K_t}$$

K_{t+10} , K_t هما ثابتا سرعة التفاعل في درجتي الحراره t + 10 , t على التوالي ، وبذلك فان Q_{10} هو المعامل الذى تزداد به سرعة التفاعل بزيادة درجة الحراره (10 م°) وتم تعيين Q_{10} للمتناظرات I , II , III , V, IV ومجموع متناظرات GPT من خلال المعادله :

$$Ea = \frac{2.3\ R\ \ T_2\ T_1\ \log Q_{10}}{10}$$

يبين (Table 7) قيم معامل درجة الحراره Q_{10} لتفاعلات المتناظرات I , II , III ومجموع متناظرات GPT حيث انها تراوحت بين (1-2) اى تقع ضمن التفاعلات الانزيميه[169] •

4 – تأثير الرقم الهيدروجيني على نشاط كل من المتناظرات I, II, III , IV, V ومجموع متناظرات GPT :

تحتفظ الانزيمات بنشاطها في حيز محدود من الارقام الهيدروجينيه[164] وفي معظم الحالات، فان لكل انزيم رقم هيدروجيني اوفق ثابت •

يبين (Fig . 23 , 24) زيادة نشاط كل من المتناظر I , III ومجموع متناظرات GPT بارتفاع الرقم الهيدروجيني حتى الرقم الهيدروجيني (7.2) ثم يبدأ نشاط كل منهما بالانخفاض• وهناك ارتفاع آخر اقل بالنسبه للمتناظر III برقم هيدروجيني (7.8) • لذا فان الرقم الهيدروجيني الاوفق

للمتناظرات III,I ومجموع متناظرات GPT هو (7.2) كما هو موضح في (Table . 5) ، بينما كان الرقـــــم الهيد روجيني الاوفق للمتناظر II (7.8) وللمتناظـــر IV (7.4) . وللمتناظر V (7.3) .

ان سبب الانخفاض في سرعة التفاعل قبل الرقم الهيد روجينـــي الاوفق هو زيادة ايونات الهيد روجين الموجبة الشحنة H^+ فـــي المحلول المحيط حيث تعمل تثبيطا تنافسيا للـ EH^+ والـــذى يمثل الشكل الايوني الاوفق للمراكز النشطه ،واما الهبوط فـــي الارقام الهيد روجينيه العاليه هي بسبب وفرة OH^- والتي تعمــل تثبيطا تنافسيا للـ EH^+ عند تفاعله مع ($S^{\pm}$) .

يوضح (Fig. 25 , 26) العلاقه بين لوغارتم السرعـــــه الابتدائيه مع قيمة الرقم الهيد روجيني ،ويمكن منها ايجـــاد ثوابت التفكك للاحماض الامينيه الموجوده في المركز النشـــط للانزيم اوتركيبه . ان قيم ثوابت التفكك (PK) في الدراســات الحركيه للانزيم تساعد على ربط المعلومات التي نتوصل لها مـــن قيم (PK) لاستنتاج المجاميع الحقيقيه المتأينه ، وتبقى هنـاك (120) ملاحظة يجب ذكرها وهي وجود تعقيدات كثيره من المهـــم مراعاتها عند دراسة (PK) حيث انها تؤثر تأثيرا مباشــرا عليها وهي : أ ـ تغير في شحنة البروتين ب ـ وجود مجموعـة مشحونه مجاوره جـ ـ قد يكون هناك تأين في مادة الاساس نفسها

د ـ او قد يكون هناك تأثير للمحاليل المنظمه المستعملة هـ او ربما هناك خطوات متوازنه تستبعد الخطوه المحدد ه للسرعـــــه (Rate determining step).

وتدل قيم PK التي تم الحصول عليها في هذه الرساله علـــى انها تعود الى وجود الحامض الاميني الذى PK قدرهـــــا (171) (6.5 - 8.5) وهو حامض Cysteine .

5 - **قياس قيم الثابت Km والثابت K´ لمتناظرات الانزيم GPT : V, IV , III , II , I**

استعملت عدة طرق لحساب هذا الثابت Km عندما يكــــون الانزيم خاضع لمعادلة ميكيلس - منتن ، وتوضح طريقة كورنش ـــــ بودن الخطيه المباشره من الرسم (V VS . S) وهي ادقهـــا وافضلها من الناحيه العمليه وذلك لسهولة استعمالها وقلـــــة العمليات الحسابيه فيها وكفائتها في بيان مدى دقه اجـــــراء (86) التجربه . توضح Fig (27-30) استعمال الطريقه الخطيـــه المباشره من حساب قيم Km لمادتي الاســـــــــــاس DL - alanine , Ketoglutarate - ∝ لكل مـــن المتناظرين IV و V .

ويبين (Table 6) قيم Km لمادتي الاساس لكل مـــن المتناظرين IV و V حيث بلغت قيمة Km للمتناظـــر IV وباستعمال الطريقه الخطيه المباشره (0.25×10^{-4} M) كما

في (Fig. 27) ،وبلغت قيمة Km للمادة الاســـــاس DL- alanine للمتناظر V وباستعمال الطريقة الخطيه المباشره (0.13×10^{-4}) M كما في (Fig 28) ، امـــا بالنسبه لمادة الاساس α - Ketoglutarate فقد كانـــت قيم Km للمتناظرين V, IV (0.19×10^{-3}) , (0.6×10^{-3}) على التوالي . وهذه القيم تختلف عن تلك المستحصله لانزيم مصـــل دم الانسان (19.5×10^{-4} - 5.7×10^{-4}) M وتختلف عن تلك المذكوره لـ GPT كبد الفار (113)، (3.4×10^{-4})M و GPT (114) عضلات الارنب المختلطه (1.33×10^{-4}) M .

تم استخراج قيم K' للمادة الاساس DL - alanine للمتناظرات I , II , III وقيم K' للمـــادة الاســـــاس α - Ketoglutarate للمتناظرات I, II, III لمصل دم المصابين بالكلازار من معادلة هل للانزيمات التي تســـلك سلوك سيني :

$$\log \frac{V}{V_{max} - V} = n \log (S) - \log K'$$

التي عندما تكون السرعه الابتدائيه مساويه الى نصف السرعـــــه القصوى تختصر الى :

$$n \log (S)_{50} = \log K'$$

حيث $\log (S)_{50}$ يمثل قيمة $\log (S)$ عندما $v = \frac{1}{2} V_{max}$ اي عندما $\log \frac{V}{V_{max} - V}$ = صفـر .

يمثل n في المعادله اعلاه التداخل الذى يمثل عدد المراكز النشطه الموجوده في جزيئة الانزيم (172) ، يتم حساب هذا المعامل بايجاد ميل الخط البياني الناتج من رسم $\log \frac{V}{V_{max} - V}$ ضد log (S) كما في (Fig 34-35)

بالنسبه لقيم K للماده الاساس DL-ala للمتناظرات III, II, I قد بلغت (6.25×10^{-6}) M للمتناظر I ، و(0.38×10^{-6}) M للمتناظر II ، اما المتناظر III فقد كانت قيمة K´ (0.25×10^{-4}) M كما في (Fig. 34) و (Table 6) .

بلغت قيمة n للمتناظر I و II (4) وهذا يعني وجود (4) مراكز نشطه في المتناظر I و (4) مراكز نشطه للمتناظر II ، اما المتناظر III فقد كانت قيمة n هي (2) اى وجود مركزين نشطين لهذا المتناظر . وتوضح Fig (31-33) الشكل السيني الذى تسلكه المتناظرات I , II , III لمادة الاساس DL- alanine . اما قيم K´ للماده الاساس α- Ketoglutarate للمتناظرات I , II , III فقد بلغت (3.42×10^{-4}) M للمتناظر I ، وبلغت (3.3×10^{-10}) M للمتناظر II ، وقد بلغت للمتناظر III (4.7×10^{-4}) M كما في (Fig. 35) و (Table 6) . وبلغت قيمة n للمتناظرين I ,III (2) اى وجود مركزين نشطين وللمتناظر II بلغت

قيمة (4) اى وجود (4) مراكز نشطه . وتختلف هذه القيم عن تلك المستحصله لانزيم مصل دم الانسان الطبيعي (103) (1.1×10^{-3}) وتختلف عن تلك المذكوره ل GPT سرطان الماء (114) (1.33×10^{-3}) M .

6 - تأثير الرقم الهيدروجيني على قيمة الثابت Km والثابت Ḱ :

يوضح (Fig. 36) تأثير الرقم الهيدروجيني على قيمة الثابت Km لكل من المتناظرين IV و V حيث يمكن الحصول من هذه الاشكال على قيم ثوابت التفكك (PK) للاحماض الامينيه الموجوده في المراكز النشطه للمتناظرين V, IV وتدل قيمة IK التي تم الحصول عليها في هذه الدراسه للمتناظر IV وهي (7.4) على انها تعود الى وجود الحامض الاميني الذى له PK قدرها (171) (6.5 - 8.5) وهو حامض Cysteine اما المتناظر V فان قيمة PK له قد بلغت (6.8) ويدل هذا على وجود Cysteine ايضا للمتناظر V في المراكز النشطه .

وتوضح (Fig 37, 38) تأثير الرقم الهيدروجيني على قيم الثابت K لمادة الاساس DL- alanine لكل من المتناظرات III , II , I وقيم الثابت Ḱ لمادة الاساس α - Ketoglutarate لكل من المتناظرات II, I , III .

7 - تأثير درجة الحراره على قيمة الثابت Km والثابت K´ :

درس تأثير درجات الحراره المختلفه (20°، 37°، 45°، 60°)

على قيم الثابت Km و K´ لمادة الاساس DL - Alanine

وبتراكيز مختلفه 0.01، 0.05، 0.1، 0.35، 0.5، 0.66، 0.75،

0.9، 0.1 X 10^{-1})M للمتناظرات I، II، III، IV، V في

مصل المرضى بالكلاازار . وتوضح (Fig. 39, 40) العلاقه

بين معكوس درجة الحراره $\frac{1}{T} \times 10^{3}$ ضد PKm للمتناظرين

V، IV و $\frac{1}{T} \times 10^{3}$ ضد PK للمتناظرات I، II،

III .

8- تثبيط متناظرات الانزيم GPT :

لقد درس تأثير المثبط الحامض الاميني L- Proline

(الذى يمثل احد متشابهات الماده الاساس والتي لاتجري عليها

عملية نقل مجموعة الامين) على انزيم GPT[159] كبد الفأر . ووجد

انه يسبب تثبيطا تنافسيا له وغير تنافسي حسب ماأورده

Velick & Vavra[124] لنفس الانزيم والمصدر وتم تعيين

ثابت التثبيط Ki وبلغت (10) mM بوجود (50) mM من

مادة الاساس DL- ala . كذلك استخدم الاسيتون في

تثبيط الانزيم GPT لكن بوجود مادة L- Proline M(0.05)

فانه يحمي الانزيم ويحافظ على نشاطه واستعمل

L- pro بتراكيز مختلفة وقيست نسبة الحمايه

واستخدمت مواد غيرها M (0.1) L - glutarate

ويوضح الجدول الاتي اثر كل ماده مضافه على ثبـــات M(0.01)Pyruvate,

انزيـم GPT :

المركب المضـاف (Compound)	النسبه المئويه لحماية الانزيم (Percent Protection)
0.1M L- Proline	95
0.01M L- Proline	60
0.001M L-Proline	9
0.1 M D- Proline	1
0.1 M L-glutarate	70
0.01 M Pyruvate	35
0.1 M L-Alanine	43

(157)

استعملت طريقة لينويفير - بيرك ($\frac{1}{V}$ ضد $\frac{1}{(S)}$) وطريقة

دكسن لتعيين نوع التثبيط وثابته لكل من L- proline وال

Acetone كمثبط للمتناظرات V, IV , III , II , I

وقد استخدمت طريقة هل التي تتضمن رسم $\text{Log} \frac{V_i}{V - V_i}$

ضد Log (I) لتعيين ثابت التثبيط K_i للمتناظـــرات

I , II , III .

لقد اتضح (Fig. 41 , 42) ان تثبيط المتناظر IV لمادتـي

الاساس DL - alanine و Ketoglutarate -ك

هو من النوع التنافسي باستعمال طريقة لينويفير-بيرك ، امـــا

بطريقة دكسن فان التثبيط كان تنافسي لمادة الاساس DL-ala

ومن النوع المختلط بالنسبة لمادة الاساس Ketoglutarate -ك

كما في (Fig. 43, 44)واتضح ان تثبيط المتناظـــر IV

بـ Acetone (Fig. 47, 48) يكون لاتنافسي لمـــواد

الاساس DL - alanine و Ketoglutarate -ك

باستعمال طريقة لينويفير - بيرك ،ومن النوع التنافسي بطريقـــة

دكسن لمادة الاساس alanine -DL ومن النـــوع

المختلط بطريقة دكسن لمادة الاساس Ketoglutarate -ك.

يكون التثبيط من النوع التنافسي للمتناظر V باستعمال طريقـة

لينويفير - بيرك لمادة الاساس DL - alanine ومـن

النوع المختلط لمادة الاساس Ketoglutarate-ك .

يبين (Table 8) قيم ثوابت التثبيط Ki , ولـم

يشار في الادبيات الى اية دراسة عن نوع الكبت لمتناظرات GPT

للمصل البشرى الطبيعي عدا التي قام بها Fadhallah (103)

باستعمال حمض maliec وكانت قيم Ki تتراوح بيـن

($2.1 \times 10^{-3} - 14.5 \times 10^{-3}$) لمادة الاساس DL - alanine

و ($5.3 \times 10^{-3} - 8 \times 10^{-3}$) M لمادة الاساس Ketoglutarate -ك

ان الاليه المقترحه للتثبيط من النوع التنافسي تتمثل بمايلي :

$$GPT + Alanine \underset{}{\overset{Ks}{\rightleftharpoons}} GPT - Alanine \longrightarrow GPT + Pyruvate$$

$$+ \; I \; \overset{Ki}{\rightleftharpoons} \; GPT - I.$$

حيث يمثل I الكابت (Acetone , L- proline) وتكون

معادلة السرعه لهذه الاليه كمايلي :

$$V = \frac{V\,(S)}{(S) + Km\left(1 + \frac{(I)}{Ki}\right)}$$

وباعادة ترتيب هذه المعادله نحصل على :

$$\frac{1}{V} = \frac{1}{V} + \frac{Km}{V}\left(I + \frac{1}{Ki}\right)\frac{1}{(S)}$$

لذا عند رسم مقلوب السرعه ضد مقلوب تركيز مادة الاساس نحصـــل

على خط مستقيم يقطع محور السينات (Fig 41, 42) في :

$$-\frac{1}{K_{app}} = \frac{1}{K_m\left(1 + \frac{(I)}{K_i}\right)}$$

اما الاليه المقترحه للتثبيط من النوع اللاتنافسي فتمثل بمايلي :

$$GPT + \alpha\text{-} Ketoglutarate \overset{Ks}{\rightleftharpoons} GPT - \alpha\text{-}Ketoglutarate \longrightarrow GPT + glutamate$$

$$GPT - \alpha\text{-}Ketoglutarate + I \overset{Ki}{\rightleftharpoons} GPT - \alpha\text{-} Ketoglutarate\text{-}I$$

يمثل (I) المثبط ، وتكون معادلة السرعه لهذه الاليه كمايلي :

$$V = \frac{V(S)}{Km + (S)\left(1 + \frac{(I)}{K_i}\right)}$$

وعند قلب المعادله نحصل على :

$$\frac{1}{V} = \frac{Km}{V} \cdot \frac{1}{(S)} + \frac{1}{V} \cdot \left(1 + \frac{(I)}{Ki}\right)$$

لذا فعند رسم مقلوب السرعه ضد مقلوب تركيز مادة الاســـاس

نحصل على خط مستقيم يقطع محور السينات • ويبين (Table 8)
قيم ثوابت التثبيط للمثبطات L-proline وال Acetone
لمادتي الاساس DL_ alanine و Ketoglutarate - ∝
باستخدام طريقة دكسن وطريقة لينويفير- بيرك لكل من المتناظرين
IV و V •

استخرجت قيم Ki للمتناظرات I , II , III من
استعمال طريقة هل كما في (Fig 45, 46) للمادة الاساس
DL - alanin واستخرجت قيم Ki للمتناظرات I ,II,
III لمادة الاساس Ketoglutarate - ∝ • يلاحظ
من (Table 8) ان قيمة الثابت Ki L- proline
بالنسبه للمتناظر IV اقل من قيمته للمتناظر V وبذلك فان ألفة
المتناظر IV لـ L- pro تكون اعلى من الفه المتناظر V •

يمكن ان نستنتج على ضوء ماذكر اعلاه بان الصفات الحركيه لكل
من المتناظرات I, II, III, IV, V تختلف عن بعضها
البعض • وكذلك تختلف هذه المتناظرات عن بعضها بدرجة
حرارة تفاعلها المثلى ودرجه اسها الهيدروجيني المثلى وفي
تصرفها تجاه L- pro وال Acetone وكذلك
في صفاتها الفيزياويه وتم كذلك تعيين الثوابت الحركيه المتعلقه
بتلك الدراسات ، مما اكد اختلاف هذه المتناظرات فيما بينها
ووجودها كمتناظرات انزيميه حقيقيه متميزه عن بعضها من اجل
مقارنتها بامراض اخرى •

ب ــ تعيين تراكيز المغنيسيوم ، الكالسيوم ، الخارصين والنحاس لمتناظـــرات

الانزيم   I ، II ، III ، IV ، V ومجموع GPT مصل الدم للاطفـال

المصابين بالكالاازار :

لم ترد في الادبيات اية دراسة حول قياس الالكترولايتات فــي

الاجزاء الناضحه للمتناظرات I، II ، III ، IV ، V ويوضح (Table 10)

قياس تراكيز الخارصين، المغنيسيوم ، الكالسيوم والنحاس في الاجـــزاء

الناضحه لهذه المتناظرات مقدره بالمايكرومول/لتر وذلك باستعمال الطريقه

المذكوره في الجزء (11) من التحاليل المستعمله .

كان تركيز الفلزات الاربع عاليا بالنسبه للمتناظر IV بالمقارنـــه

مع المتناظرات الباقيه ، واحتوى كل من المتناظرات I ، II، III، V

على تراكيز متقاربه من المغنيسيوم والخارصين والكالسيوم وكان المتناظر V

اعلى في محتواه للنحاس من بقيـة المتناظرات .

الاستنتاج :-

اوضحت نتائج البحث في هذه الرساله ان للانزيم GPT خمس متناظرات في متناظرات في مصل الاطفال المصابين بمرض الكالاازار . وباستعمال طريقة الكروموتوغرافيا التي تعتمد على استخدام الجل المبادل للايونات السالبه DEAE Sephadex A-50 وباستخدام الهجره الكهربائيه وجد بان نمط توزيع المتناظرات في حالة المرضى بالكالاازار تختلف عن نمط توزيع المتناظرات في الاطفال الطبيعيين وكذلك تختلف عن نمط توزيع المتناظرات للاشخاص الطبيعيين البالغين . كذلك تضمنت الرساله دراسه تأثير مركب البنتوستام على نمط توزيع متناظرات الانزيم GPT اثناء فترة المعالجه لمرضى الكالاازار .

ان اتفاق حركة هذه المتناظرات مع حركة الاجزاء البروتينيه المختلفه عند استعمال طريقة الهجره الكهربائيه وايجاد قيم مختلفه لـ PI (نقطة تساوى الشحنه) لكل بروتين من البروتينات المكونه لكل متناظر والقيم المختلفه للاوزان الجزيئيه والحصول على ثوابت حركيه مختلفه مثل الرقم الهيدروجيني الاوفق ودرجة الحراره الاوفق وقيم Km و K' بالاضافه الى الاختلافات في حساسيتها تجاه مختلف المثبطات التي استعملت في البحث ، كلها صفات كثيره ومختلفه تؤكد على تباين هذه المتناظرات واحتمالية تكوينها في انسجة مختلفه وان لهذه المتناظرات ادوار متميزه يمكن الاستفاده منها في النواحي التطبيقيه والتشخيصيه .

Chapter four

Summary

اولا : أ ـ نشاط الانزيم GPT في مصل الدم للاطفال المصابين بالكالاازار والاشخاص الطبيعيين :-

ارتفع مستوى نشاط الانزيم GPT في مصل دم الاطفال المصابين بالكالاازار (38.2 - 96.2) وحده عالميه/لتر مقارنة بالاطفال الطبيعيين (3.6 - 29.0) وحده عالميه/لتر وقد لوحظ هذا الارتفاع في (45) حاله من اصل (68) حاله تمت دراستها اى بنسبة 66% .

ب ـ فصل وتنقية متناظرات الانزيم GPT من مصل الدم للاطفال المصابين بالكالاازار والاطفال الطبيعيين والاشخاص البالغين الطبيعيين :

تم فصل وتنقية خمس متناظرات للانزيم GPT I, II, III, IV, V من مصل دم الاطفال المصابين بالكالاازار وذلك بنمط توزيع يختلف عما هو عليه في الحاله الطبيعيه ، وتم فصل اربع متناظرات لانزيم GPT من مصل الدم للاشخاص الطبيعيين البالغين (7.8 - 33.8) وحده عالميه/لتر باستعمال طريقة للكروموتوغرافيا تعتمد على استخدام الجل المبادل للايونات السالبه DEAE - Sephadex A-50 وعلى ضوء النتائج التي تم الحصول عليها اقترح تكوين هذه المتناظرات في انسجة مختلفة .

ثانيا : تمت دراسة بعض الصفات الفيزياويه لمتناظرات الانزيم GPT I, II, III, IV, V في مصل دم الاطفال المصابين بالكالاازار :

أ ـ لوحظ ان للمتناظرات I, II, III, IV, V نفس صفات الاجزاء

البروتينيه Albumin و α_1- globulin , α_2- globulin

و β- globulin و γ- globulin وذلك

باستعمال طريقة الهجره الكهربائيه .

ب ـ اظهرت المتناظرات I , II , III , IV, V اختلافات واضحه

في القيم العدديه لنقطة تساوي الشحنه ، مما يدل على اختلافهما

بالنسبه الى مكوناتها من الاحماض الامينيه .

ج ـ دراسة اطياف الامتصاص لكل من المتناظرات I , II , III , IV, V :

اختلفت اطياف الامتصاص لكل من هذه المتناظرات الخمس وذلك

لاختلافها في تركيب الاحماض الامينيه الموجوده حيث يمتص كل حامض اميني

في طول موجي معين .

د ـ دراسة ظاهرة الانتباذ :

درست هذه الظاهرة للمتناظرات II, IV, V وذلك

لتباين حركتها اثناء عملية الفصل بواسطة الهجره الكهربائيه وظهور

كل من هذه المتناظرات بشكل حزمه منفرده . وتم قياس معامل الترسيب

($S_{20, w}$) ومعامل الانتشار (D) والوزن الجزيئي لكل متناظر

من المتناظرات II , IV , V .

هـ ـ قياس الاوزان الجزيئيه بطريقة قياس الضغط الازموزي للمتناظرات

I , II , III , IV , V :

تم قياس الوزن الجزيئي لكل من هذه المتناظرات واظهرت هذه

التجربه اختلافا واضحا في الاوزان الجزيئيه لهذه المتناظرات .

ثالثا : تأثير العلاج بمركب البنتوستام على نشاط متناظرات الانزيم GPT II, I
III , IV , V :

يبقى نشاط المتناظران I و III غير متأثرين تقريبا خلال فترة المعالجه اما المتناظرين II و IV فيستمر نشاطهما بالانخفاض تدريجيا اثناء فترة العلاج بمركب البنتوستام ، اما المتناظر V فان نشاطه يزداد خلال فترة المعالجه بالمقارنة مع الحاله قبل البدء بالعلاج .

رابعا : الخواص الكيمياويه لمتناظرات الانزيم GPT V, IV, III, II, I
في مصل دم الاطفال المصابين بالكالاازار :

أ- الدراسات الحركيه لمتناظرات الانزيم GPT V, IV, III, II, I في مصل الدم :

1- العلاقه بين تراكيز مادتي الاساس DL - alanine و Ketoglutarate - α للمتناظرين IV و V تخضع لمعادله ميكيلس - منتن بينما للمتناظرات I , II , III تخضع لمعادلة هل . وتثبط هذه الاشكال في التراكيز العاليه من مواد الاساس .

2- تم الحصول على التراكيز الاوفق للمواد الاساس للمتناظرات الخمس ومجموعها في مصل الدم وكانت بالنسبه ل DL - alanine (100)mM للمتناظرات I , II, III, V ومجموع متناظرات GPT و (75) mM للمتناظر IV . اما بالنسبه لمادة Ketoglutarate - α فكانت (1.5) mM

للمتناظـرات I ، III ،V ومجموع متناظـرات GPT

و (1.8) mM للمتناظـرين II ، IV .

3ـ   تم قياس قيم الثابت Km للمتناظرين IV و V لمادتـي

الاساس   DL- alanine ، ∝ - Ketoglutarate ، K

للمتناظرات   I ، II ، III لمادتي الاساس .

4 ـ   تخضع المتناظرات   I ، II ، III ، IV ، V ومجموعها في

مصل الدم الى معادلة ارنيوس حتى درجة حرارة 47 م° ،وتم

قياس درجة الحراره الوفقى لكل متناظر وبلغت ($\overset{o}{37}$) ، ($\overset{o}{45}$) ،

($\overset{o}{37}$) ، ($\overset{o}{37}$) ، ($\overset{o}{45}$) ، ($\overset{o}{37}$) على التوالي .

5ـ   استخرج الرقم الهيدروجيني الاوفق للمتناظرات   I ، II ،

III ، IV ، V ومجموعها في مصل الدم وكانـت (7.2) ،

(7.8) ، (7.2) ، (7.4) ، (7.3) ، (7.2) على التوالي .

6ـ   التثبيط بواسطة L- proline للمتناظرين   IV و V

هو من النوع التنافسي بالنسبه لمادة الاساس DL-alanine

والمختلط بالنسبه لمادة Ketoglutarate - ∝ والتثبيـط

بواسطة Acetone بالنسبه لمادتي الاساس من النـوع

اللاتنافسي .

ب ـ تم قياس تراكيز الالكترولايتات النحاس ، الخارصين ،المغنيسيوم والكالسيوم

في المتناظرات   I ، II ، III ، IV ، V والتي اظهرت تبلينا. قـي

هذه التراكيـز .

References

R E F E R E N C E S

1. Akiyama, H. J. and Taylor, J. C. (1970 a). Am. J.
    Trop. Med. Hyg., 19, 747.

2. Zukerman, A. (1975).   Expl. Parasit., 38, 370.

3. Zukerman, A. and Lainson, R. (1977). In "Parasitic
    Protozoa" Vol. I. (Ed. Kreier, J. P.).
    Academic Pres : New York. PP. 57 - 133.

4. David, L. B. (1965). In "Textbook of Parasitology
    (3rd ed.), Appleton-Century-Crofts, New York,
    PP. 197.

5. Garnham, P. C. C. (1971). Bull. Wld. Hlth. Org.,
    44, 477.

6. Lainson, R. and Shaw, J. J. (1972). Br. Med. Bull.,
    28, 44.

7.   Lumsden, W. H. R. (1974).   Leishmaniasis and try-

      panosomiasis. In "Trypanosomiasis and Leish-

      maniasis with special reference to Chagas'

      disease". Ciba Foundation Symp. 20. Elsevier,

      Excerpta Medica : North-Holland, PP. 3-27.

8.   Chance, M. L., Gardener, P. J. and Peters, W. (1977).

      Biochemical taxonomy of Leishmania as an ecological

      tool. Collogues Int. du C.N.R.S. No.239 - Eco-

      logie Des Leishmaniosis, 53 - 61.

9.   Chance, M. L., Peters, W. and Schory, L. (1974).

      Ann. Trop. Med. Parasit., 68, 307.

10.   Brazil, R. P. (1978). Ann. Trop. Med. Parasit.,

      72, 289.

11.   Al-Taki, M. and Evans, D. A. (1978). Trans. R.

      Soc. Trop. Med. Hyg., 72, 56.

12. Decker - Jackson, J. E. and Honigberg, B. M. (1978).

J. Protozool, 25, 514.

13. Taj - Eldin, S. D. and Al-Hassani, M. (1961). J.

Fac. Med. 3, 1.

14. Lowe, G. C. and Cooke, W. E. (1926). Lancet ii,

1209.

15. Sukkar, F. (1978). (Head of the kalaazar section,

Institute of Endemic Diseases), Personal

Communications.

16. Sukkar, F. (1976 a). Bull. End. Dis. 17, 75.

17. Rahim, G. F. and Tater, I. H. (1966). Bull.

End. Dis. 9, 48.

18. Nouri, L. and Al-Jeboori, T. (1973). J. Fac. Med.,

15, 72.

19. Sukkar, F. (1972). Bull. End. Dis. 13, 77.

20. Sukkar, F. (1974). Bull. End. Dis. 15, 85.

21. Sukkar, F. (1976 b). Bull. End. Dis. 17, 53.

22. Rassam, S. W. and Al-Jeboori, T. I. (1973). J. Fac. Med. 15, 87.

23. Pringle, G. (1956). Bull. Med. Hyg. 65, 18.

24. Duxburg, R. E. and Sadun, E. H. (1964). Am. J. Trop. Med. Hyg. 13, 525.

25. Taj-Eldin, S. D., Nouri, L., Jawad, L., and Falah, N. (1969). J. Fac. Med. 2, 7.

26. Rassam, M. B. and Al-Mudhaffar, S. A. (1979). Ann. Trop. Med. Para., 73, 345.

- 130 -

27.   Turk, J. L. and Bryceson, A. D. M. (1971). Adv.
           Immunol. 13, 209.

28.   Cachia, E. A. and Fenech, F. F. (1964). Trop.
           Med. Hyg. 58, 234.

29.   Burn, R., Berens, R. S. and Krassner, S. M. (1976).
           Nature, London, 262, 683.

30.   Bray, R. S. (1976 a). Bull. End. Dis. 17, 75.

31.   Bray, R. S . (1974).   A. Rev. Microbiol, 28, 189.

32.   El-Adhami, B. (1976). An. J. Trop. Med. Hyg.
           25, 759.

33.   Pringle, G. (1958). Bull. End. Dis. 1, 275.

34.   Jopling, W. H. (1955).   Br. Med. J. iii, 1013.

35. Wilcocks and Manson Bahr (1972), In Manson's Tropical Diseases, 17th ed., Baillies Tindall, London, PP. 119 - 133.

36. Adams, N. (1971), in Clinical Tropical Diseases, 5th ed. Black well scientific Puplication, London, PP. 172 - 180.

37. Barbosa, W., Pinheiro, Z. B. and Oliveira, R. L. (1973). Revta. Patol. Trop. 2, 377.

38. Cahill, K. M. (1970). Trans, R. Soc. Trop. Med. Hyg. 64, 107.

39. Sukkar, F. (1976 c). Bull. End. Dis. 17, 119.

40. Manson-Bahr, P. E. C. (1971). Int. Rev. Trop. Med. 4, 123.

41. Stauber, L. A. (1970). In Immunity to Parasitic Animals, Vol. 2, Appleton-Century-Crofts, New York, PP. 739 - 765.

42. Napier, L. E. (1922). Ind. J. Med. Res. 9, 830.

43. Henry, A. E. X. (1953). Revue du Paludisme et al. Me'decine. Tropical, Paris. 11, 7.

44. Mukherjee, A. C., Neogy, K. N. and Sen Gupta, P. C. (1968). Bull. Calcutta Sch. Trop. Med. 16, 38.

45. Fife, E. H. (1971). Expl. Parasit. 30, 132.

46. Bray, R. S. (1976). In Immunology of Parasitic Infections (Eds. Cohen, S. and Sadun, E.) Blackwell scientific Publications : Oxford PP. 65 - 75.

47. Casoia, G., Purpura, R. and Priolisi, A. (1963).

Pediatria. 71, 251.

48. Bray, R. S. and Lainson, R. (1967). Trans, R.

Soc. Trop. Med. Hyg. 61, 490.

49. Shaw, J. J. and Voller, A. (1914). Trans. R. Soc.

Trop. Med. Hyg. 58, 349.

50. Kilgour, V., Gardener, P. J., Godrey, D. G. and

Peters, W. (1974). Ann. Trop. Med. Parasit.

68, 245.

51. Goble, F. C. (1970). South American Trypanosomes.

In Immunity to parasitic Animals. (Eds.

Jackson, G. H., Herman, R. and Singer, I.)

Vol. 2. Appleton: New York. PP. 597 - 689.

52. Bray, R. S., Ashford, R. W. and Bray, M. A. (1973).

Trans. R. Soc. Trop. Med. Hyg. 67, 345.

- 134 :-

53. Hommel, M., Peters, W., Ranque, J., Quilici, M.
     and Lanotte, G. (1978). Ann. Trop. Med.
     Parasit. 72, 213.

54. Al-Shenawi, F. (1975). M. Sc. Thesis : Baghdad
     PP. 32. Science College

55. Latif, B. M. A., Al-Shenawi, F. A. and Al-Alousi,
     T. I. (1979). Ann. Trop. Med. Parasit. 73,
     31.

56. Simpson, L. (1968). J. Protozool 15, 201.

57. Rezai, H. R., Behforouz, N., Amirhakimi, G. H. and
     Kohanteb, J. (1977). Trans. R. Soc. Trop. Med.
     Hyg. 71, 149.

58. Mansueto, S., Picone, D., Dirosa, S. and Lacascia,
     C. (1979). Bollettino Dell institute siero
     Terapico Milanese, 623.

- 135 -

59.   Jelliffe, D. B. and Stanfield, J. P. (1978): In

          "Disease of children in the subtropics and

          Tropics ", 871.

60.   World Health Organization Scientific working group

          on Leishmaniasis, Geneva, December 1977, 13-20.

61.   Al-Qadhi, K. and Haroun, A. A. (1976). J. Fac.

          Med., Baghdad, Vol. 13, 76.

62.   Larry, S. (1968). J. Protozool. 15, 201.

63.   Akiyama, H. J. and Nancy, K. (1972). Am. J. Trop.

          Med. Hyg. 21, 873.

64.   Cabriel, A. S. and Robert, H., (1970). J. Parasito.

          56, 889.

65.   Kuwahara, S. S., Pintol, J. and Kazan, B. (1971).

          J. Ger. Microbiol. 66, 375.

66.   Bhattacharya, A. and Janory, J. Jr. (1975). Exp.
          Parasitology, 37, 353.

67.   Mcalpine, J. C. (1970). Trans. R. Soc. Trop. Med.
          Hyg. 64, 822.

68.   Jean, P. and Odetto, G. (1976). Trans. R. Soc.
          Trop. Med. 70, 535.

69.   Dilipk, R. and Dilipk, G. (1973). Exp. Parasitol.
          33,   147.

70.   John, J. (1967). Exp. Parasito. 20, 51.

71.   Decker, J. E. and Janovy, J. Jr. (1974). Comp.
          Biochem. Physiol. 49 (3), 513.

72.   Mookerjee, G. C. and Chaudhuri, G. (1976). Trop.
          Dis. Bull. 73, 1175.

73. Janovy, J.(1967). Exp. Parasit. 20, 51.

74. Krassner, S. M. and Flory, B. (1972). J. Protozool. 19, 682.

75. Fulton, J. D. and Joyner, L. P. (1949). Trans. Roy. Soc. Trop. Med. Hyg. 43, 273.

76. Ibid. (1972), 32, 196.

77. Chatterjee, A. N. and Ghosh, J. J. (1959). Ann. Biochem. Expt. Med. Calcutta. 19, 37.

78. Calpine, J. C. M. (1970). Trans. Roy. Soc. Trop. Med. Hyg. 64, 70.

79. Chatter, A. N., Ray, J. C. and Chosh, J. J. (1958). Nature, 183, 109.

80. Steiger, R. F. and Meshnict, S. R. (1977). Trans. R. Soc. Trop, Med. Hyg. 71, 10021.

81. Al-Saffar, N. R. and Al-Mudhaffer, S. A. (1979). Indian J. Med. Res. 70, 598.

82. Caponetti, R. and Ceta, G. (1966). Aagiornamento Pediat, 17, 407.

83. Hicsonmez, G. and Ozsoylu, S. (1972). Clin. Pediat. 11, 465.

84. Luis, E. I. (1964). Acta. Cientif. Venzolana. 15, 147.

85. Al-Azzawi, T. N. (1979). Thesis, College of Science, University of Baghdad.

86. Eisnthal, R. and Cornish - Bowden, A. (1974). Biooh. J. 139, 715.

87. Tahernie, A. C. and Jalayer, T. (1968). Ann. Trop. Med. Parasite. 62, 171.

88. Jose, M. M., Zilmar, F., and Joaquin, E. A. (1962). Hospital Riodejanero, 61, 123.

- 139 -

89. John, D. and Nicopoulos, C. (1951). Acta Paediatrica 40, 181.

90. James, A. H. and Tayler, J. C. (1970). Am. J. Trop. Med. Hyg. 19, 754.

91. Herman, R. and Jay, P. F. (1978). Biological Abs. 65, 27082.

92. Green, D. E., Leloir, L. F. and Nocito, P. (1945). J. Biol. Chem. 161, 559.

93. Surkar, N. K. (1974). Int. J. Biochem. 5 (4), 375.

94. Yu, M. H. and Spencer, M. (1970). Phytochemistry 9, 341.

95. Damitru, I. F., Iordachescu, D. and Niculescu, S. (1970). Rev. Roum. Biochem. 7, 31.

96. Fair, D. S. and Krassner, S. M. (1971). J. Protozool. 18, 441.

97. Gosling, J. P. and Fottorell, P. F. (1973). Biochem. Soc. Trans. 1, 252.

98. Wroblewski, F. and LaDue, J. S. (1956). Proc. Soc. exp. Biol. Med. 91, 569.

99. Wroblewski, F. and La Due, J. S. (1956). Ann. intern. Med. 45, 801.

100. Koja, Z. J. M. and Frendo, J. (1960). Clin. Chim. Acta 5, 339.

101. Wotton, I. D. P. (1964). In "Micro Analysis in Medical Biochemistry " 4th ed. Black well Scientific, PP. 108 - 109.

102. Wilkinson, J. H. (1970), in " Isoenzymes " (2nd ed.) Champman and Hall Ltd., 235.

103. Fadallah, Y. G. and Al-Mudhaffar, S. A. (1978). Folia Bioch. et Biol. Graeca, 14, 102.

104. Ortanos, A. P., Gabrieli, E. R., and Pragay, D. (1970). Res. Common. Chem. Pathol. Pharmacol. 1, 266.

105. Yamada, K., Sowoki, S., Fukumura, A. and Hayashi, M. (1962). J. Vitaminol. 8, 286.

106. Mane, S. D. and Mehrotra, K. N. (1976). Experimenta. 32, 154.

107. Reoh, J. and Cronzet, J. (1974). Biochem. Biophys. Acta. 350, 392.

108. Wilkinson, J. H. (1976), in " Principles and Practice of Diagnostic Enzymology " Edward Arnuld - London, PP. 93.

109. Bulos, B. and Handler, P. (1965). J. Biol. Chem. 240, 3283.

110. Segal, H. L., Beatie, D. S. and Hopper, S. (1962). J. Biol. Chem. 237, 1914.

111. Scotto, P. (1965). Biochem. J. 95, 657.

112. Koshland, D. E. (1958). Proc. Nat. Acad. Sci. 44, 98.

113. Segal, H. L. and Matsuzawa, T. (1970), in "Methods in Enzymology" Academic Press. N. Y. London Vol. XVII, PP. 157.

114. Orlicky, J. and Ruscak, M. (1977). Com. Biochem. Physical. 56, 71.

115. Koshland, D. E. and Nord, F. F. (1960), in "Advances in Enzymology " Vol. XXII, Interscience-London, pp. 57.

116. Cannan, R. K., Palmer, A. H. and Kibrick, A. C.
(1942). J. Biol. Chem. 142, 803.

117. Cohn, E. J. and Edsall, J. T. (1943), in Proteins,
Amino Acids and Peptides as Ions and Dipolar
Ions. Reinhold, New York, PP. 540.

118. Chance, B. (1952). J. Biol. Chem. 194, 471.

119. Alberty, R. A. and Nord, F. F. (1956), in "Advances
in Enzymology " Vol. XVII Interscience,
New York. PP. 1.

120. Frieden, C. and Alberty, R. A. (1955). J. Biol.
chem. 212, 859.

121. Johnson, F. H., Eyring, H., Stoblay, R., Chaplin,
H., Huber, C., and Gherardi, G. (1945). J.
Gar. Physiol. 28, 463.

122. Cleland, W. W. (1963). Biochim. Biophys. Acta, 67, 104.

123. Jenkens, W. T., Xphantis, D. A. and Sizer, I. W. (1959). J. Biol. Chem. 234, 51.

124. Veliok, S. F. and Vavra, J. (1962). J. Biol. Chem. 237, 2109.

125. Zelezinskaya, G. A. (1967). Dokl. Akad. Nauk. Belorurs (1967), 44, 75.

126. Fahien, S. and Hsu, J. (1976). Arch. Biochem. Biophys. 177, 217.

127. Lysiak, W., Pienkowska, V. M. and Szutowicz, A. (1974). J. Neurochem. 22, 77.

128. Basha, S. and Sanvar, J. (1974). Curr. Sci. 43, 16.

129. Jungows, K. K., Bozeno, L. M. and Wistaszek, J. Acta Physial. Vol. 26 (1), 95.

130. Bingol, G. (1968). Amer. J. Med. 35, 529.

131. Peter, W. G., Sarah, H. and Segal, L. H. (1967). J. Biol. Chem. 242, 2319.

132. ILardi, A. and Proietti, T. (1976). Trop. Dis., Bull. 73, 703.

133. Caclija, E. A. and Fenech, F. F. (1969). Trans. Roy. Soc. Trop. Med. Hyg. 58, 135.

134. Black, C. D. V., Watson, G. J. and Ward, R. J. (1977). Trans. R. Soc. Trop. Med. Hyg. 71, 550.

135. Al-Mudhaffar, S. A. and Al-Saffar, N. R. (1978). Indian J. Med. Res. 68, 592.

136. Chatterjea, J. B. and Sen, G. P. (1970). J. Ind. Med. Ass. 54, 541.

137. Fraga, J., Gomes, F. A. and Velha, E. (1972). An. Esc. Nac. Saude. Pub. Med. Trop. Med. Hyg. 63, 378.

138. Bray, R. S. (1969). Tran. R. Soc. Trop. Med. Hyg. 63, 378.

139. Antonio, C. (1948). Riv. Pediat Siciliana. 3, 384.

140. Dacie , J. and Lewis, S. M. Practical haematology 4th edition Saunders press, 320, London.

141. Sen Gupta, P. C. (1969). Tran. R. Soc. Trop. Med. Hyg. 63, 146.

142. Morris, Jr., R. C. and Goniek, H. C. (1961). American Jornal of Medicine, 30, 624.

143. Pampiglion, S., Manson-Bahr, P. E. C. and Musumeci, S. (1975). Tran. R. Soc. Trop. Med. Hyg. 69, 60.

144. Musumeci, S. Fischer, A. and Pizzarelli, G. (1977). Tran. R. Soc. Tro. Med. Hyg., 71, 176.

145. Weisinger, J. R. (1978). Am. J. Trop. Med. Hyg. 27, 357.

146. Knight, R. A., Woodruff, W. and Pettit, L. E. (1967). Tran. R. Soc. Trop. Med. Hyg. 61, 701.

147. Sen Gupta, P. C. (1965). Parasitologia, 7, 1.

148. Basu, A. K., Chatterjea, J. B., Sen Gupta, P. C. and Mukherjee, A. M. (1970). Tran. R. Soc. Trop. Med. Hyg. 64, 332.

149. Musumeci, S., D., Agata, A. and Panebianco, M. G. (1974). Tra. R. Trop. Med. Hyg., 68, 360.

- 148 -

150. Dawson, R. M. C., Elliott, W. H. and Jones, K. M.
      (1978). In Data for Biochemical Research,
      Published by Clarendon Press. Oxford, P.489.

151. Kalckar, H. M. (1947). J. Biol. Chem. 167, 461.

152. Reitman, S. and Frankel, S. (1957). Amer. J. Clin.
      Pathol. 28, 56.

153. Latner, A. L. and Skillen, A. W. (1968), in
      "Iscenzymes in Biology and Medicine" 1st ed.
      Academic Press. London, P. 146 - 168.

154. Schmidt, E., Schmidt, F. W., Hoehr, J., Otto, P.,
      Vido, I. and Wrogeman, K. (1975). Pathog.
      Mech. Liver Cell Necrosis, 4th ed., 147-162, Eng.

155. Gebott, M. D. (1973), in Microzone Electrophoresis
      Manual, Beckman Instruments, California.

156. Winter, A., Kristina, E. K. and Anderson, U. (1977).

LKB Application Note.

157. Linweaver, H. and Burk, D. (1934). J. Amer. Chem.

Soc. 56, 658.

158. Westphal, V. (1967). Arch. Biochem. Biophys.

66,71.

159. Harold, L., Segal, H. L. and George, J. (1968).

Biochem. Bioph. Comm. 30, 63.

160. Latner, A. L. (1975), in " Clnical Biochemistry "

7th ed. Saunders Press. Philadelphia, PP. 574.

161. Ziegen Bein, R. (1966). Nature, 212, 935.

162. Gregorio, L. R. (1958). J. Philippin, Med.

Assoc. 34, 537.

- 150 -

163. Keele, C. A. and Nesl, E. (1966), in Sanson's
        Wright's Applied physiology, 11th ed.,
        University Press. Oxford, PP. 370, London.

164. Hare, M. L. C. (1928). Biochem, J. 22, 968.

165. Vallee, B. L. (1955). Advance, Protein Chem.,
        Clarendon Press, Oxford, Vol.10, PP. 317.

166. Shaw, L. M. and Gray, J. (1974). Clin. Chem.,
        20, 4.

167. Hill, A. V. (1916). J. Physiol, 40, IV - VII.

168. Laidler, K. J. and Bunting, P. S. (1973), in
        chemical Kineties Enzyme Action, 2nd et.
        Clarendon Press, Oxford, PP. 359.

169. Dawes, E. A. (1964). Comp. Biochem. Amsterdam,
        12, 104.

170. Swartz, M. N., Kaplan, N. O. and Lamborg, M. (1958). J. Biol. Chem. 232, 1051.

171. Dixon, M. and Webb, C. E. (1966) in Enzymes 2nd ed., Longmans, P. 116, London.

172. Segal, I. H. (1975), in Enzymes kinetics, John Wiely and Sons, New York. P. 385.

173. المعجم الطبي الموحد لاتحاد الاطباء العرب (1973) ـ مطبعة المجمع العربي العراقـــــــــي ·

174. مشروع معجم الكيمياء ـ جامعة الدول العربية ـ المنظمة العربية للتربيـــــة والثقافــــة والعلـــــــوم ·

175. المورد ـ تأليف منير البعلبكـــي ، دار العلم للملايين ـ بيروت (1976).

Tables

TABLE (1)

GPT activity in sera of children with Kala-azar and of

normal children at $37^{\circ}C$:

The method of Reitman and Frankel was used for the
assay of GPT activity. The reaction mixture was composed
of (100)mM DL-alanine, (1.5)mM α -ketoglutarate in (0.1)M
phosphate buffer, pH 7.4. Analysis were done on the same
day of sample collection . The activity measurments were
expressed in I.U./L

Serum Specimen	No. of cases	Range of age(months)	Activity range I.U./L	Mean
Normal	10	9 — 72	1 — 29	3.06—14.8
	14	216 — 420	7.8 –33.8	5.0 — 17.3
Kala-azar	68	4 — 60	38.3–96.2	29.4 —88.7

TABLE (2)

Purification of GPT isoenzymes from sera of children with kala-azar by chromotographic techniques (DEAE - Sephadex A-50) :-

The assay is explained in Table (1), while the purification method is mentioned in the text. Protein conc. was determined by measuring the absorbance at 260 and 280 nm. One international unit (I.U) is the amount of enzyme which catalyzes the formation of (1) mole of Product per minute.

Fraction	Volume elute ml	Protein mg/ml	Total Protein mg	GPT Activity I.U/L	GPT Total Activity Total units	GPT Specific Activity I.U/mg Protein	Degree of Purification Fold
1. Total GPT isoenzymes of kalaazar serum	2	67.85	67.85	87.3	87.3	1.28	1
2. Elute passing through gel							
a. Isoenzyme I	3	0.059	0.175	3.7	11.1	63.40	49.50
b. Isoenzyme II	3	1.60	4.80	58.6	175.8	36.63	28.36
c. Isoenzyme III	3	0.058	0.174	3.5	10.5	60.34	47.14
d. Isoenzyme IV	3	0.40	1.20	24.8	74.4	62.00	48.43
e. Isoenzyme V	3	1.03	3.10	33.4	100.2	32.30	25.24

TABLE (3)

Purification of GPT isonzymes from normal children sera (9 months - 6 years) by chromotographic technique (DEAE Sephadex A-50). The assay is explained in Table (1) and the purification method is mentioned in the text. The protein conc. was determined by measuring the absorbance at 260 and 280 nm. One international unit (I.U) is the amount of enzyme which catalyzes the formation of (1) mole of product per minute.

Fraction	Volume elute	Protein	Total Protein	GPT Activity	GPT Total Activity	GPT Specific Activity	Degree of Purification
	ml	mg/ml	mg	I.U/L	Total Units	I.U/mg Protein	Fold
1. Total GPT isoenzymes of normal children serum	2	79.2	79.2	16.3	16.3	0.21	1
2. Eluate passing through gel							
a. Isoenzyme I	3	0.133	0.40	2.10	6.30	15.75	75
b. Isoenzyme II	3	2.40	7.20	8.72	26.16	3.63	17.29
c. Isoenzyme III	3	0.C97	0.29	2.58	7.74	26.69	127.10
d. Isoenzyme IV	3	1.50	4.50	2.20	6.6	1.47	7.00
e. Isoenzyme V	3	1.00	3.00	6.50	19.50	6.50	30.95

TABLE (4)

Comparison between two Molecular weight determination
methods, Osmotic Pressure for isoenzymes I, II, III, IV, V
and Ultracentrifugation method as in Fig. (12-14) for
isoenzymes II , IV , V .

| Fraction | Molecular Weight (g/mole) | |
	Ultracentrifuge method	Osmotic Pressure method
Isoenzyme I	——	10660
Isoenzyme II	220961,5	203340
Isoenzyme III	——	19400
Isoenzyme IV	117075,94	89544
Isoenzyme V	35215	30232

TABLE (5)

Optimal conditions for GPT isoenzymes from sera of Patients affected by Kala-azar :

All the details are explained in the text

Enzyme	Optimal Substrate Conc. (m M)		Optimum Temperature $^{\circ}$C	Optimum pH	Optimum Time
	DL-Alanine	α-keto glutarate			
Total GPT isoenzymes	100	1.5	37°	7.2	2
isoenzyme I	100	1.5	37°	7.2	2
isoenzyme II	100	1.8	45°	7.8	2
isoenzyme III	100	1.5	37°	7.2	2
isoenzyme IV	75	1.8	37°	7.4	2
isoenzyme V	100	1.5	45°	7.3	2

TABLE (6)

Determination of Km and K values (DL-alanine and α-ketoglutarate) for GPT isoenzymes I, II, III, IV, V in sera of children with Kala-azar :

Each form was assayed in optimal conditions (Temp, pH) and in two hours incubation time. The velocity of the reaction was determined at the following substrate concentration (0.01 , 0.05 , 0.1 , 0.35 , 0.5 , 0.65 , 0.075 , 0.9 , 1.0) x 10^{-1} mM for DL-alanine, and (0.2 , 0.4 , 1.1 , 1.4 , 1.8, 2.2, 3.0, 3.3, 3.8, 4.1, 4.4, 5.0) x 10^{-5} mM for α - ketoglutorate. The experimental data v and (S) were plotted in various forms. The direct linear plot was compared with 1/v vs. 1/(S) (Linweaver- Burk plot).

Enzyme	Substrate	Km (M) – Methods of Plotting: 1/v vs. 1/(S)	Km (M) – Methods of Plotting: Direct Linear Plot	K′ (M) – Hill Plot
Isoenzyme I	DL-alanine			0.63×10^{-6}
	α-ketoglutarate			3.42×10^{-4}
Isoenzyme II	DL-alanine			0.38×10^{-6}
	α-ketoglutarate			3.3×10^{-10}
Isoenzyme III	DL-alanine			0.25×10^{-4}
	α-ketoglutarate			4.7×10^{-4}
Isoenzyme IV	DL-alanine	0.3×10^{-4}	0.25×10^{-4}	
	α-ketoglutarate	0.22×10^{-3}	0.19×10^{-3}	
Isoenzyme V	DL-alanine	0.15×10^{-4}	0.13×10^{-4}	
	α-ketoglutarate	0.58×10^{-3}	0.6×10^{-3}	

TABLE (7)

Activation energy (E_a) and Q_{10} values for GPT isoenzymes I , II , III , IV , V and their total GPT in children with Kala-azar :

Ea is determined from the slope of the line from the log V_{max} versus 1/T plot, while Q_{10} is calculated as follow:

$$E_a = \frac{2.3\ RT_2T_1}{10} \cdot \log Q_{10}$$

Enzyme	E_a(Cal/mole)	Q_{10}
Total GPT isoenzymes	47744	2.12
Isoenzyme I	22118	1.42
Isoenzyme II	6678	1.11
Isoenzyme III	19617	1.36
Isoenzyme IV	2529	1.04
Isoenzyme V	1707	1.03

TABLE (8)

Inhibition constants (DL-alanine and α-ketoglutarate for GPT isoenzyme I, II, III, IV, V

The rate of reaction was determined in the presence of varying concentrations of the specified inhibitor at varying DL-alanine conc. (100, 57, 2.28, 1.1 mM) and varying α-ketoglutarate (1.5, 1.1, 0.044, 0.022, 0.01)mM. The type of inhibition and inhibitor constants were determined by different plots. Optimal conditions of each form (Temp, pH and substrate conc.) were used for carrying out the reaction.

Enzyme	Inhibitor	K_i (AL-alanine) (M)			Ki (α-ketoglutarate) (M)		
		Lineweaver Burk plot 1/V VS. 1/(S)	Dixon plot 1/v VS(I)	log $V_i/V-V_i$ VS. log(I)	Lineweaver 1/V VS. 1(S)	Dixon plot 1/V VS. (I)	log $V_i/V-V_i$ VS. log(I)
Isoenzyme I	L-Proline			2.63×10^{-3}			2.3×10^{-3}
	Acetone(ml)			32.6×10^{-3}			7.5×10^{-3}
Isoenzyme II	L-Proline			1.25×10^{-3}			1.29×10^{-3}
	Acetone(ml)			107×10^{-3}			11.2×10^{-3}
Isoenzyme III	L-Proline			4.45×10^{-3}			0.85×10^{-3}
	Acetone(ml)			55.4×10^{-3}			12.3×10^{-3}
Isoenzyme IV	L-Proline	2.0×10^{-3}	4.5×10^{-3}		4.8×10^{-2}	5×10^{-1}	
	Acetone(ml)	3.3×10^{-3}	3.4×10^{-3}		2.0×10^{-1}	1.8×10^{-1}	
Isoenzyme V	L-Proline	6.6×10^{-3}	10×10^{-3}		2.0×10^{-1}	2×10^{-2}	
	Acetone(ml)	4.0×10^{-3}	5.8×10^{-1}		4.7×10^{-2}	2.5×10^{-1}	

TABLE (9)

The degree of inhibition of GPT isoenzyme I, II, III, IV,

V from serum of patients with Kala-azar by L-proline (1.5)

mM and Acetone (0.005)ml

The details in (Table 8) and (8 , 4)

$$\text{The degree of inhibition} = \frac{\text{activity without inhibitor} - \text{activity with inhibitor}}{\text{Activity without inhibitor}} \times 100$$

Enzyme GPT	% inhibition by L-Proline(1.5 mM)	% inhibition by Acetone(0.005 ml)
Isoenzyme I	85 %	95 %
Isoenzyme II	48.3 %	66.5 %
Isoenzyme III	78.75 %	75.23 %
Isoenzyme IV	71.4 %	77.4 %
Isoenzyme V	32.6 %	45 %

TABLE (10)

Concentrations of copper , Zinc , Calcium and Magnesium

metals in the eluated Solution of GPT isoenzymes I, II,III,

IV , V and Total GPT isoenzymes by using atomic absorption

spectrophotometer .

The details are mentioned in the text .

Enzyme	Copper conc. mM/L	Zinc. Conc. mM/L	Calcium conc. mM/L	Magnisum conc. mM/L
Total GPT enzyme	1.50	0.83	1.70	1.16
Isoenzyme I Eluated solu- tion	0.05	0.10	0.08	0.21
Isoenzyme II Eluated solu- tion	0.06	0.11	0.04	0.10
Isoenzyme III Eluated solu- tion	0.04	0.04	0.29	0.32
Isoenzyme IV Eluated Solu- tion	0.11	0.06	0.91	0.339
Isoenzyme V Eluated solu- tion	0.25	0.019	0.25	0.30

TABLE (11)

Ultraviolet absorbance for GPT isoenzymes I, II, III, IV, V in sera of children with Kalaazar :

The absorbance at (200 - 340) nm was taken for each form alone and then with the substrates (0.6 ml of 0.1 M DL-alanine + 0.4 ml of 0.0015 M α - Ketoglutarate + 2 ml fraction)

Fraction	Maximum Absorbance	
	wave lengths (λ) without substrates	Wave lenghts (λ) with substrate(DL-ala + α - ketoglutarate)
Isoenzyme I	205 and 260	220
Isoenzyme II	230 and 280	235 and 280
Isoenzyme III	215 and 275	225
Isoenzyme IV	230 and 280	230
Isoenzyme V	220 and 275	225
Substrates		235

Figures

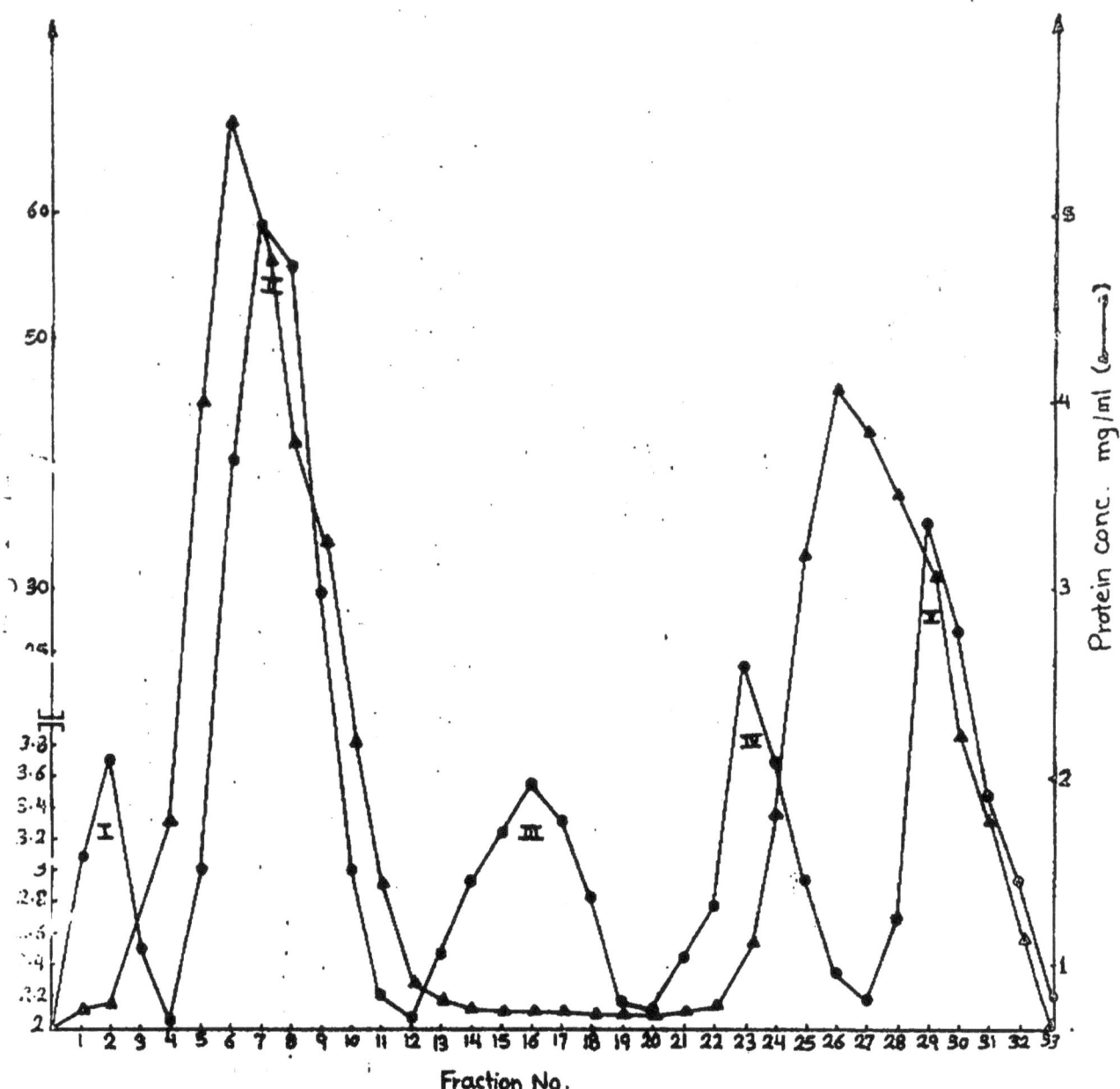

Fig.1. Separation of sera of children with Kalaazar on DEAE Sephadex A-50 into five
isoenzymes (I, II, III, IV and V) of GPT. The activity of the samples collected was
measured by Reitman and Frankel method while the conc. of protein was
estimated by measuring the absorbance at 280 nm according to Kalcker equation
I represents isoenzyme I

II   •   •   II

III   •   •   III

IV   •   •   IV

V   •   •   V

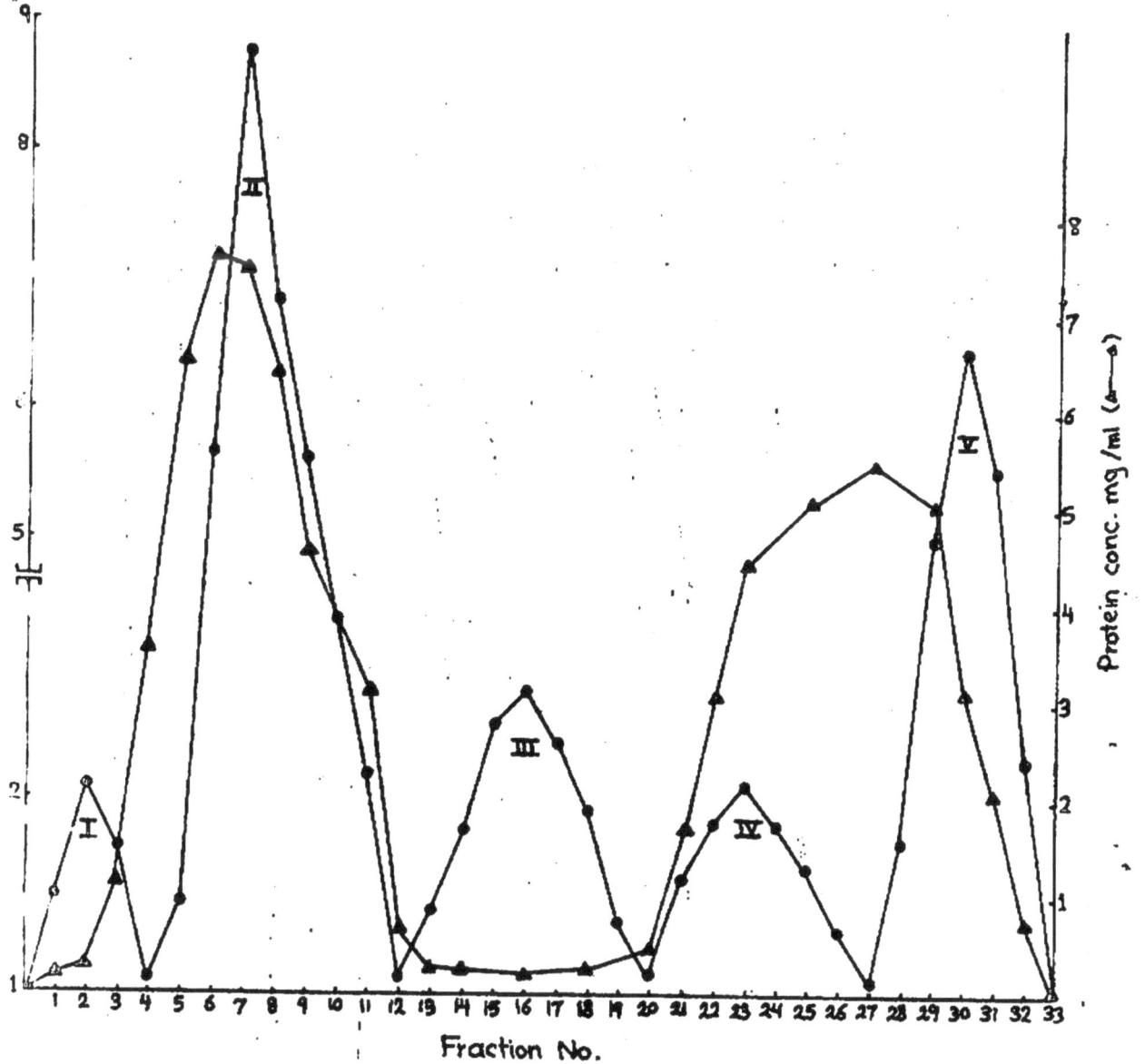

J.2. Separation of normal children sera on DEAE sephadex A-50 into five isoenzymes (I, II, III, IV and V) of GPT, the other details in Fig.1.

I represents isoenzyme I

II   •   •   II

III   •   •   III

IV   "   •   IV

V   •   •   V

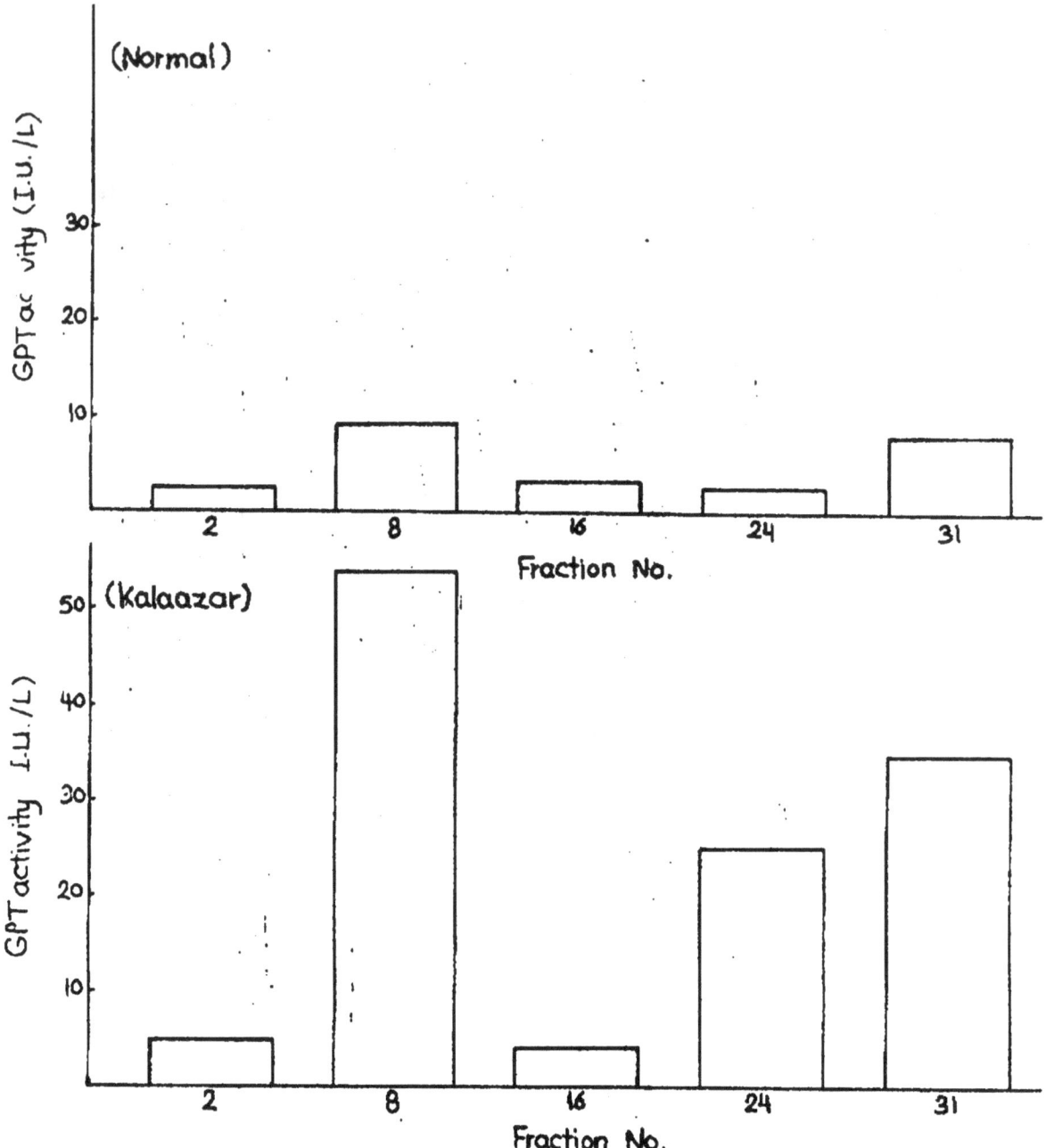

Fig. 3. Diagramatic representation of GPT isoenzymes (I, II, III, IV and V) of normal children sera compared with that of children with Kalaazar. Activity of the isoenzyme is plotted against fraction number. All details are explained in Figs. 1 & 2.

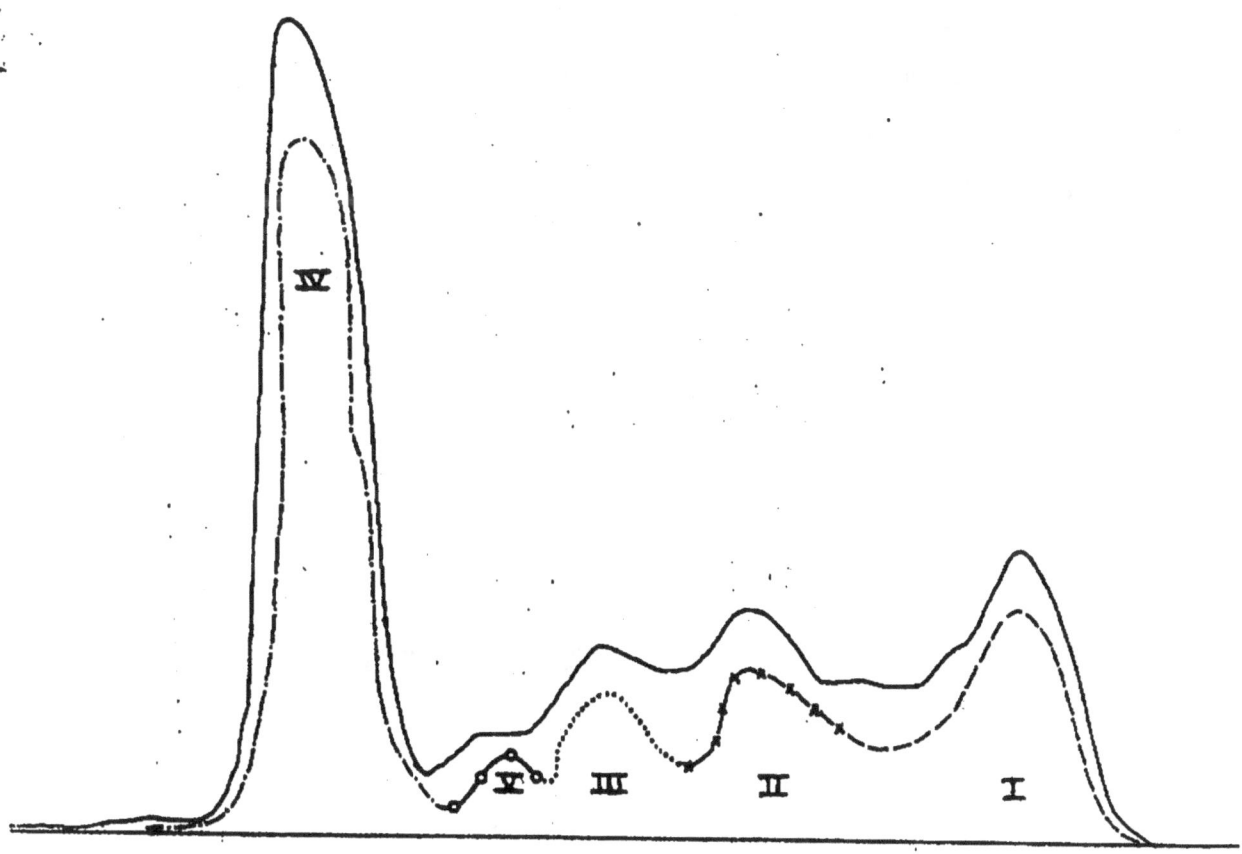

Fig. 4. Microzonal electrophoresis of Kalaazaric serum proteins and GPT isoenzymes (I, II, III, IV and V) separated by chromatography. All details are explained in the text.

——— Total serum proteins

— — — GPT isoenzyme I

—x—x— " " II

••••••••••• " " III

—•—•—• " " IV

—o—o— " " V

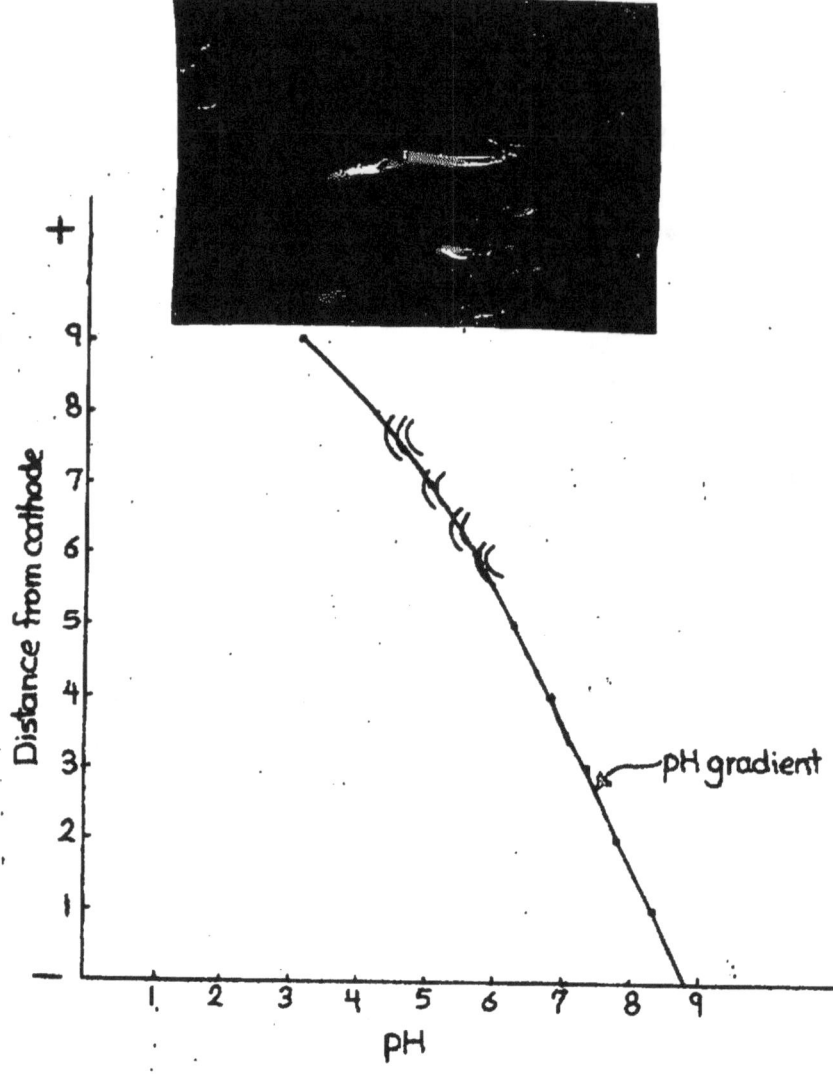

Fig. 5. Analytical isoelectric focusing of GPT isoenzymes on the LKB Ampholine polyacrylamide gel with a pH range 3.5-9.5.

1. A photograph of focused and stained GPT isoenzymes.

2. A diagramatic representation of the protein bands of GPT isoenzyme IV. The imposed pH gradient was obtained using a surface glass electrode. Other details are explained in the text.

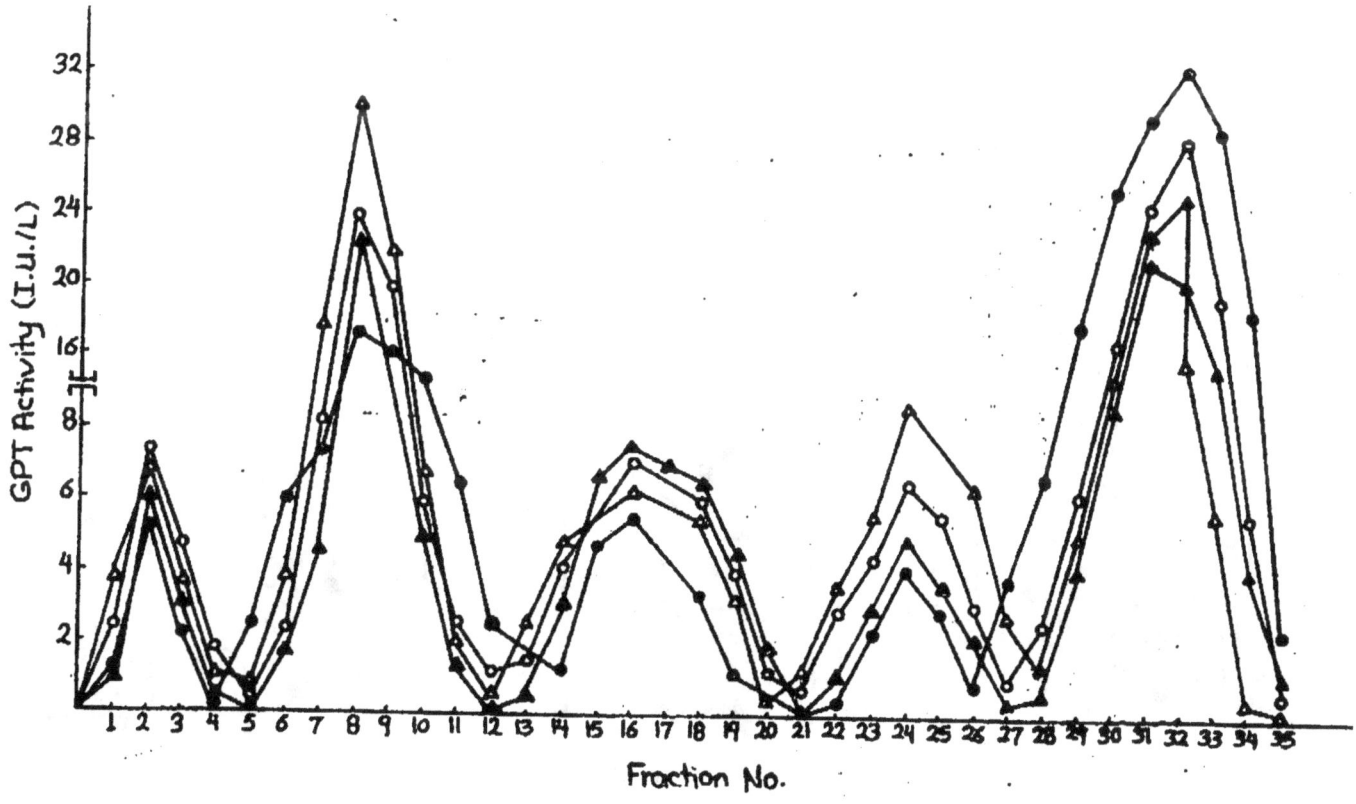

Fig.6. Effect of Pentostam on the distribution pattern of GPT isoenzymes (I, II, III, IV and V) du the treatment of patients affected by Kalaazar. Samples of sera were taken before a during the treatment, and the same method explained in Fig.1. was used for the separc

△————△ Before treatment.

○————○ After one injection of Pentostam.

△————△ After (4) injections of Pentostam.

●————● After (8) injections of Pentostam.

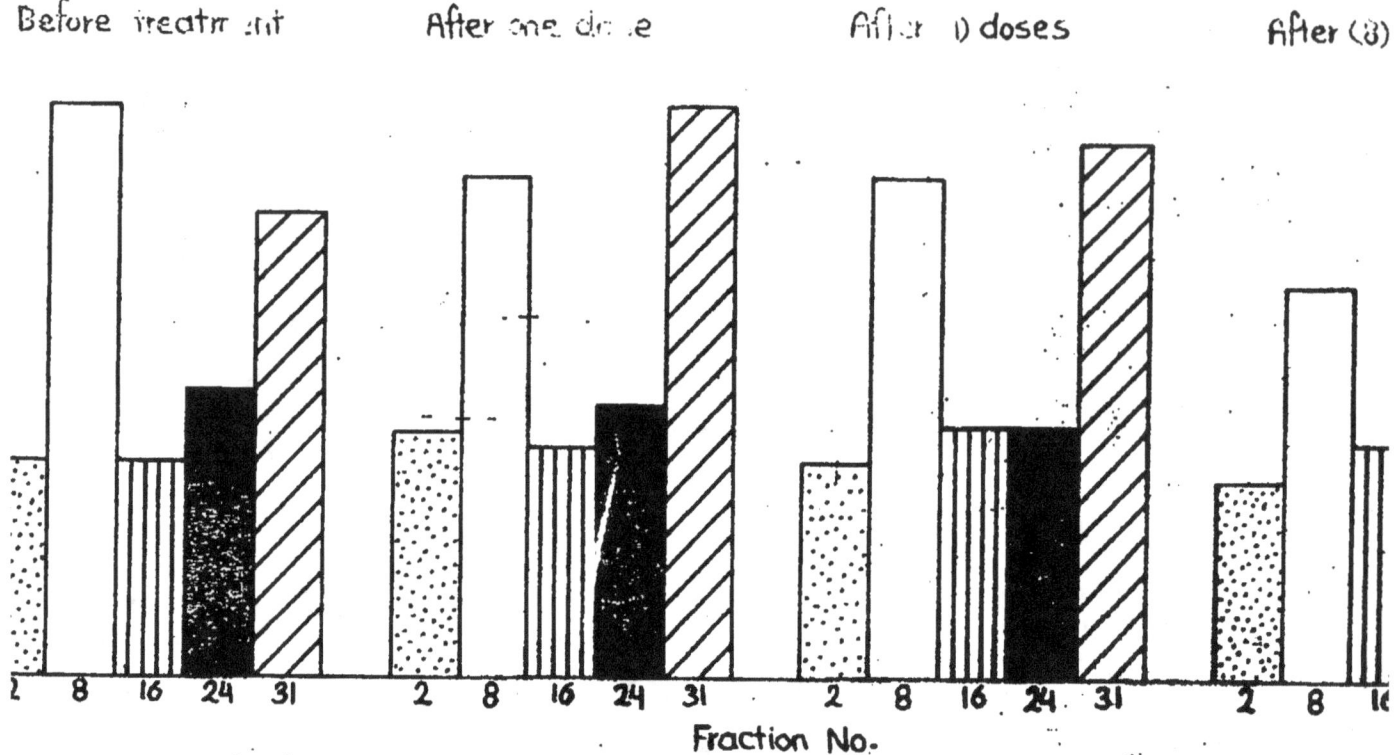

Before treatm... nt
After one do..e
Aft...) doses
After (8)
Fraction No.

...amatic representation of the Pentostam effect on the GPT isoenzymes activity during ...ents affected by Kalaazar. The other details as in Fig. 6.

...presents isoenzyme I

" " II

" " III

" " IV

" " V .

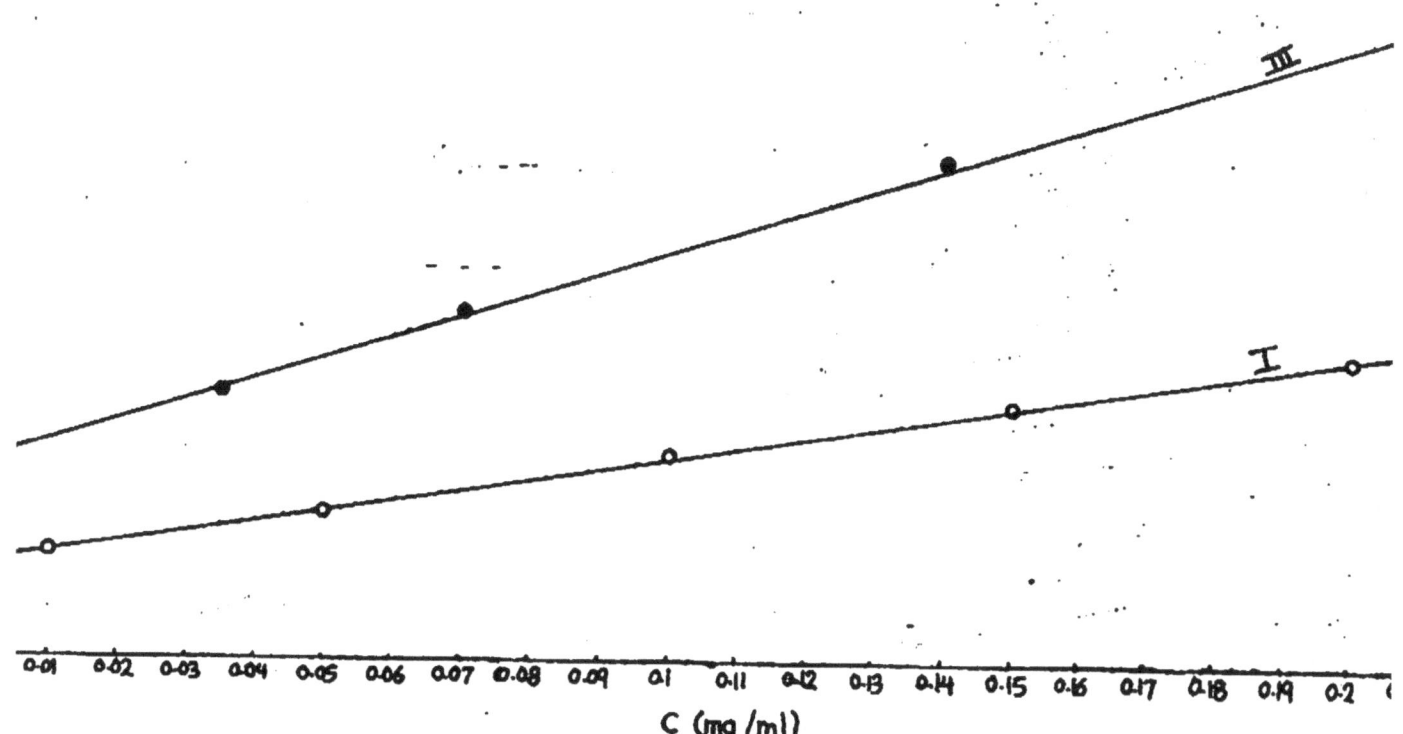

C (mg /ml)

elation of π/c vs. c for isoenzymes I and III of GPT in sera of patients with Kalaazar in
:sence of 0.1 M potassium phosphate buffer , pH 7.4 .

——o represents isoenzyme I

——• represents isoenzyme II

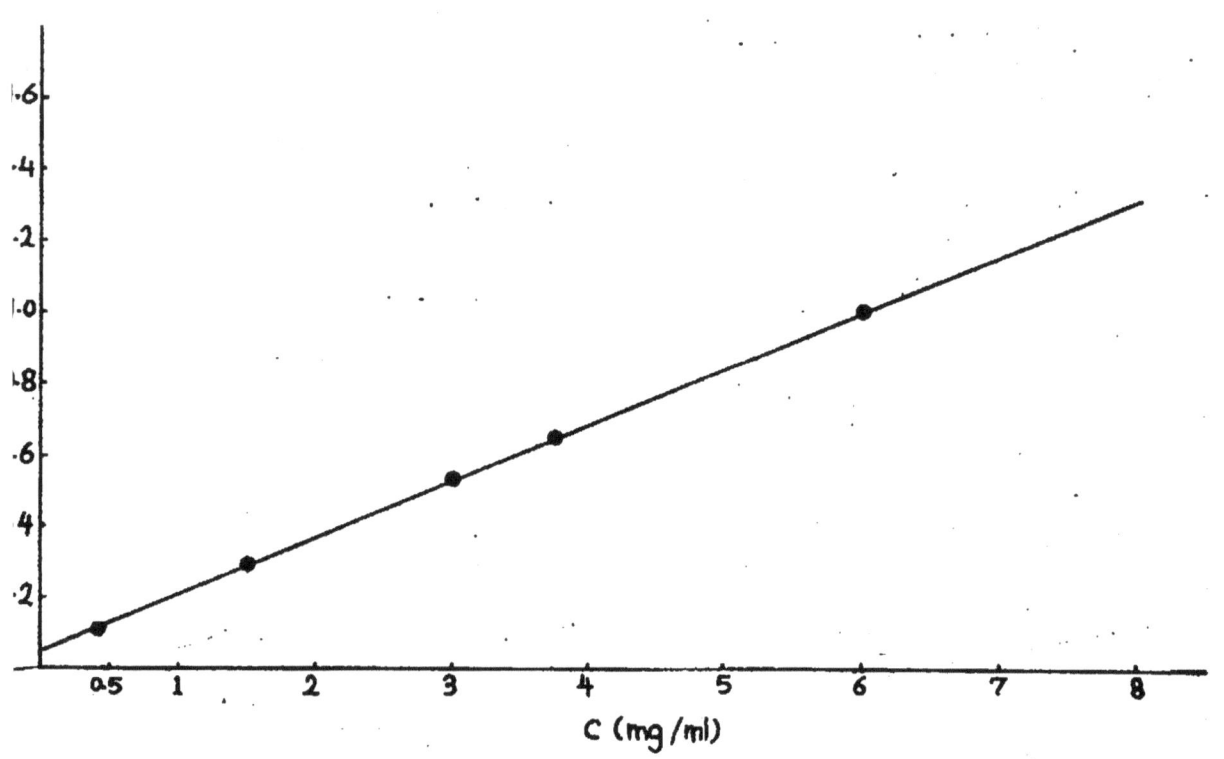

9. Relation of π/c vs. c for isoenzyme II of GPT in sera of patients with Kalaazar in presence of 0.1 M potassium phosphate buffer, pH 7.4.

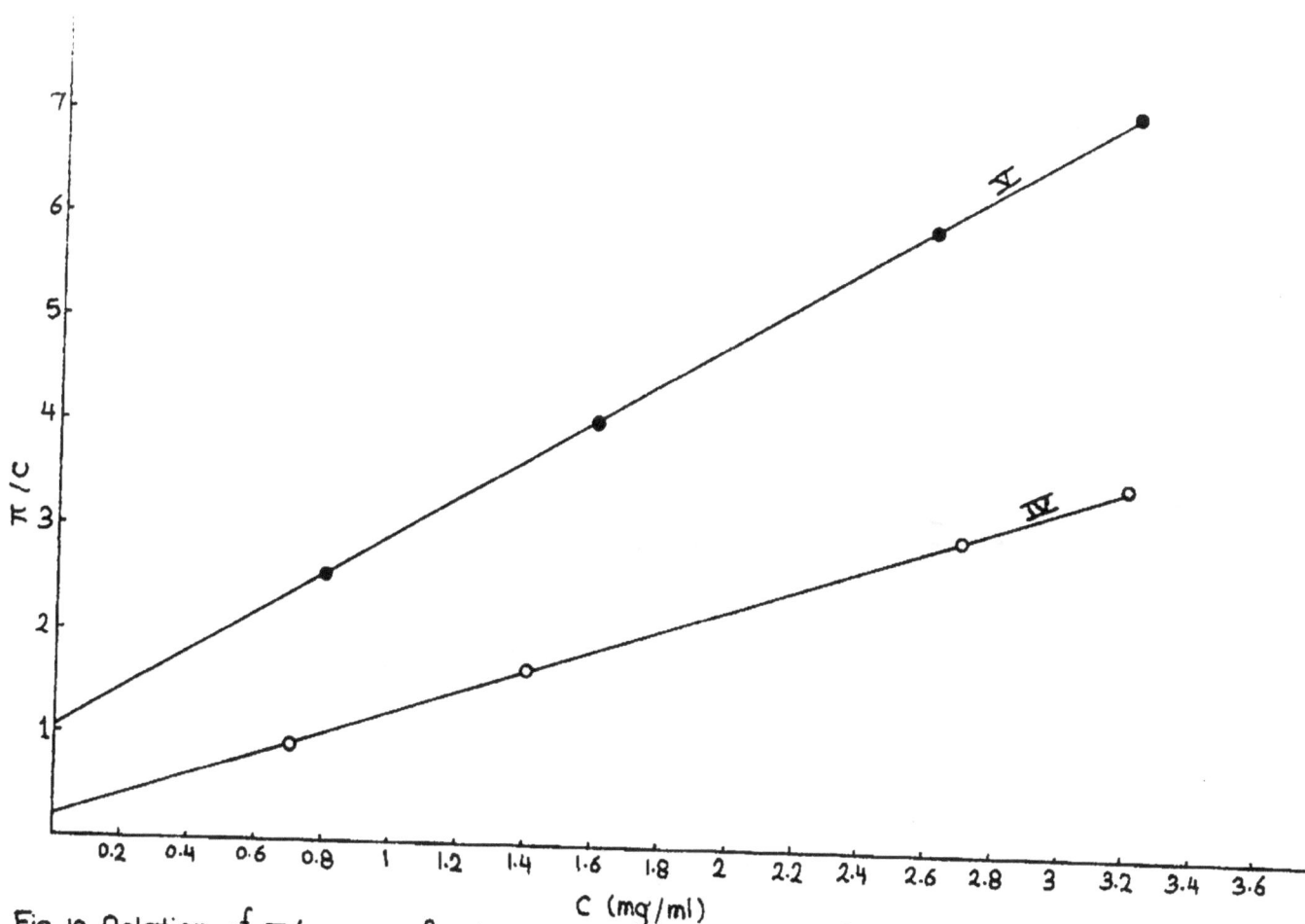

Fig. 10. Relation of π/c vs. c for isoenzymes IV and V of GPT in sera of patients with Kalaazar in presence of 0.1 M potassium phosphate buffer, pH 7.4.

o———o represents isoenzyme IV

•———•   "   "   V

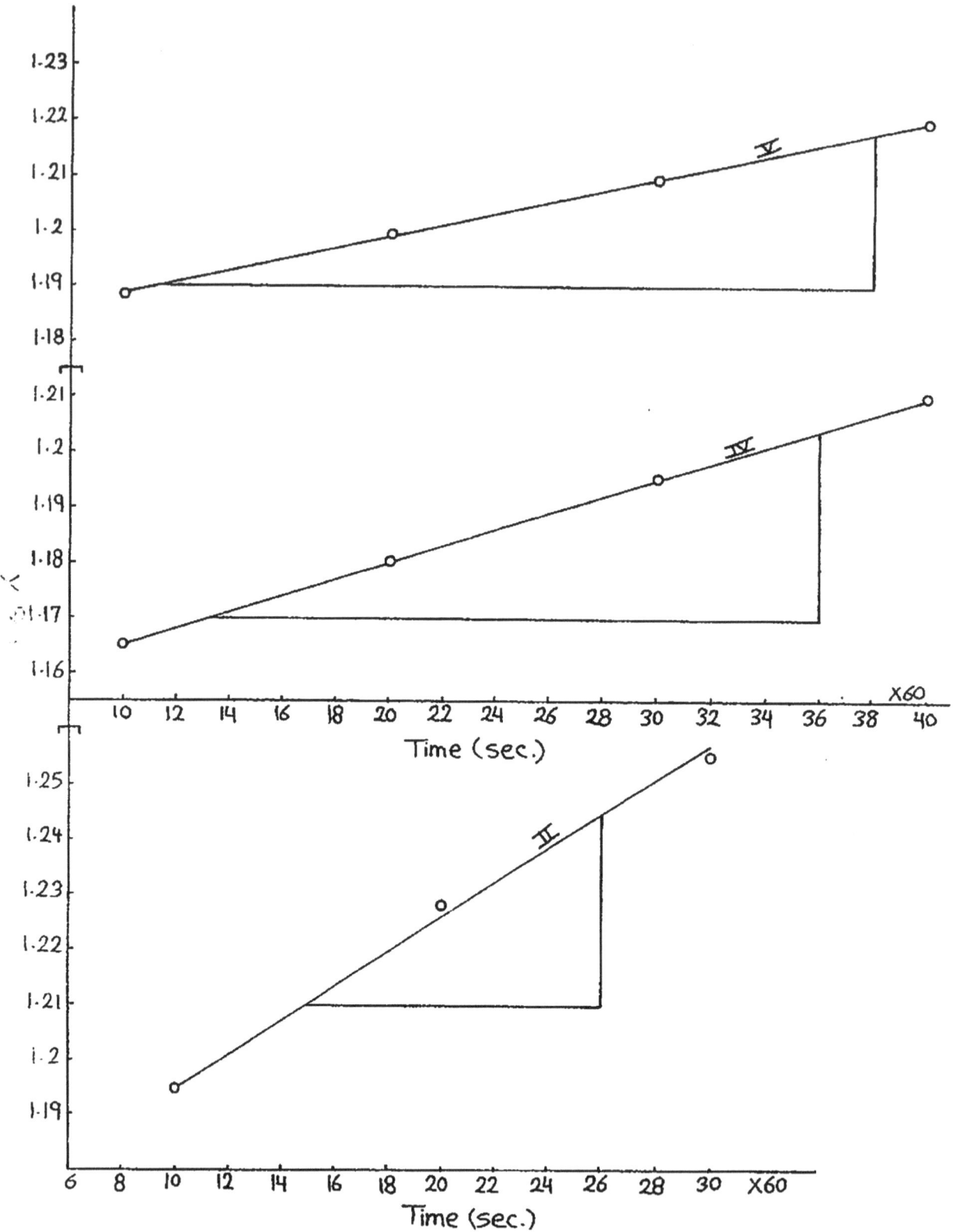

Fig. 11. The relation between log X and time (sec.) and determining the slope for isoenzymes II, IV and V of GPT in sera of patients with Kalaazar.

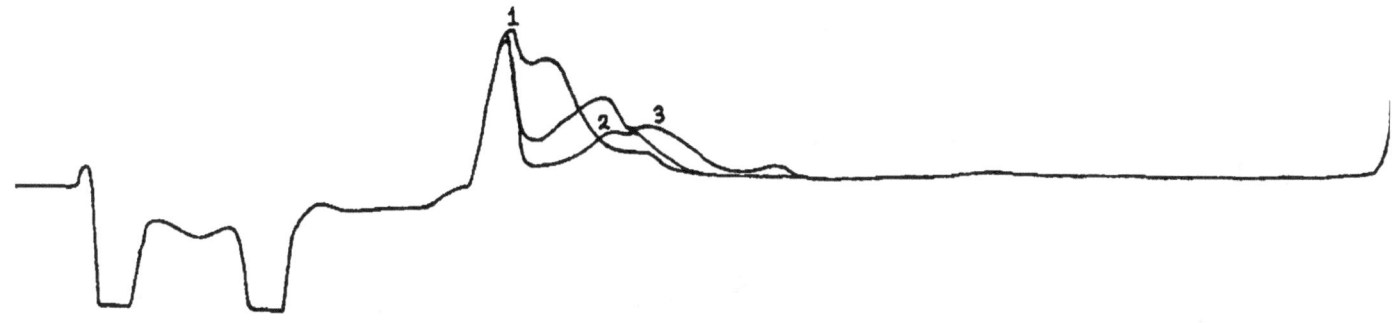

n diagram obtained from a moving band experiment with absorption optics for isoenz

Protein conc. = 6.31 mg/ml. The area (cm²) for peak (1), (2), (3) were (4,3,2) cm² respect

n) for peak (1), (2), (3) were (2.4, 2.3, 1.3) cm respectively. The value of $(cm^2/h)^2$ were

ly for peak (1), (2) and (3).

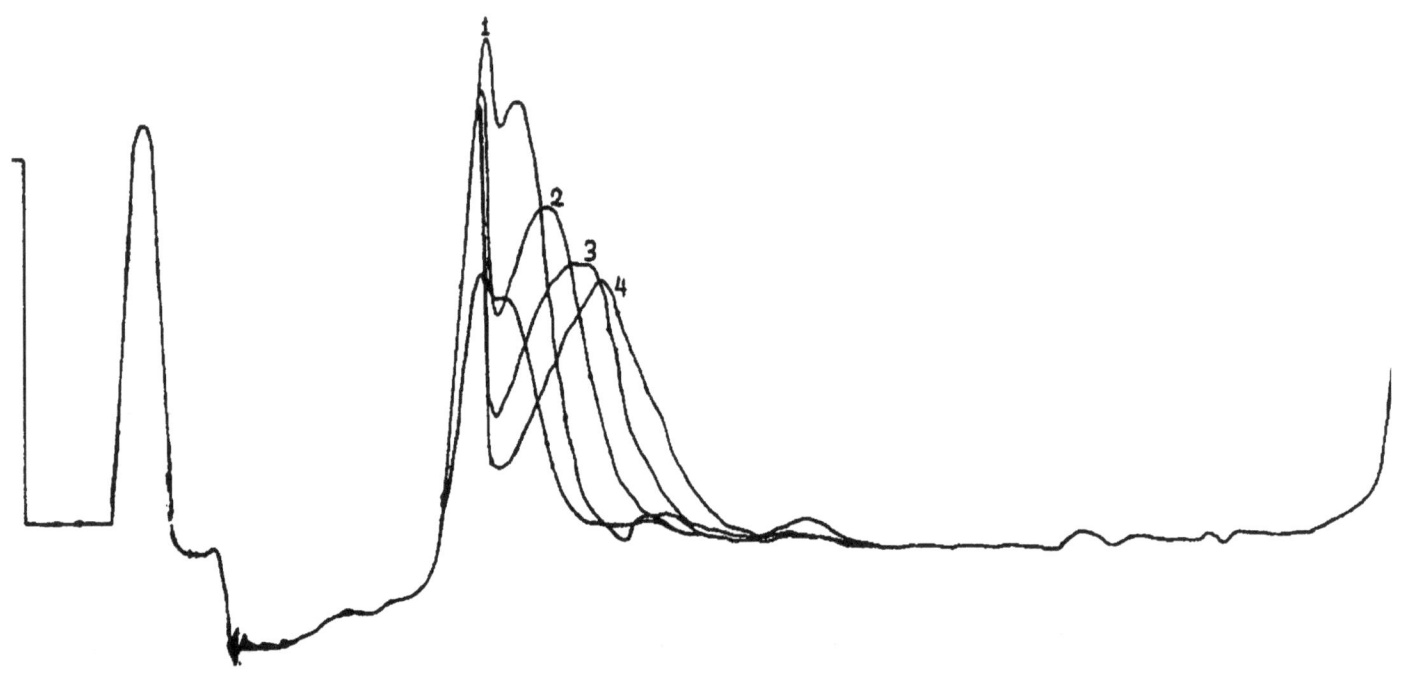

n diagram obtained from a moving band experiment with absorption optics for isoenzyme :
Protein conc. = 5.139 mg/ml. The area (cm^2) for peak (1), (2), (3), (4) were (7.0, 6.5, 5.5, .
ely. The height (cm) for peak (1), (2), (3), (4) were (7.0, 4.5, 3.8, 3.5) cm respectively. Th
$h)^2$ were (1.0, 2.09, 2.08, 2.04) respectively for peak (1), (2), (3) and (4).

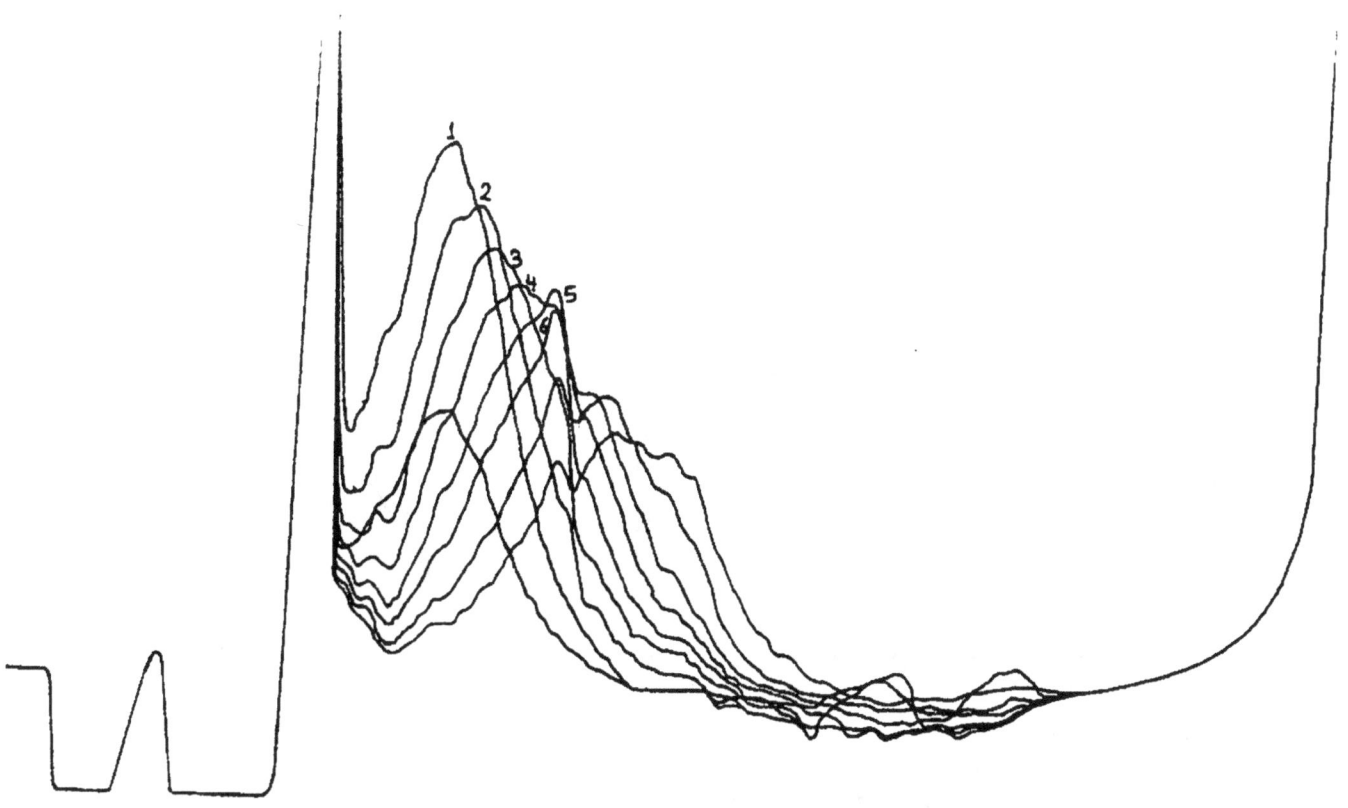

iagram obtained from a moving band experiment with absorption optics for isoenzyn
otein conc. = 4.722 mg/ml. The area (cm^2) for peak (1), (2), (3) were (14.0, 12.5, 12.0)
ly. The height for peak (1), (2), (3) were (7.6, 6.7, 6.0) cm respectively. The value
, 3.48, 4.0) respectively for peak (1), (2) and (3).

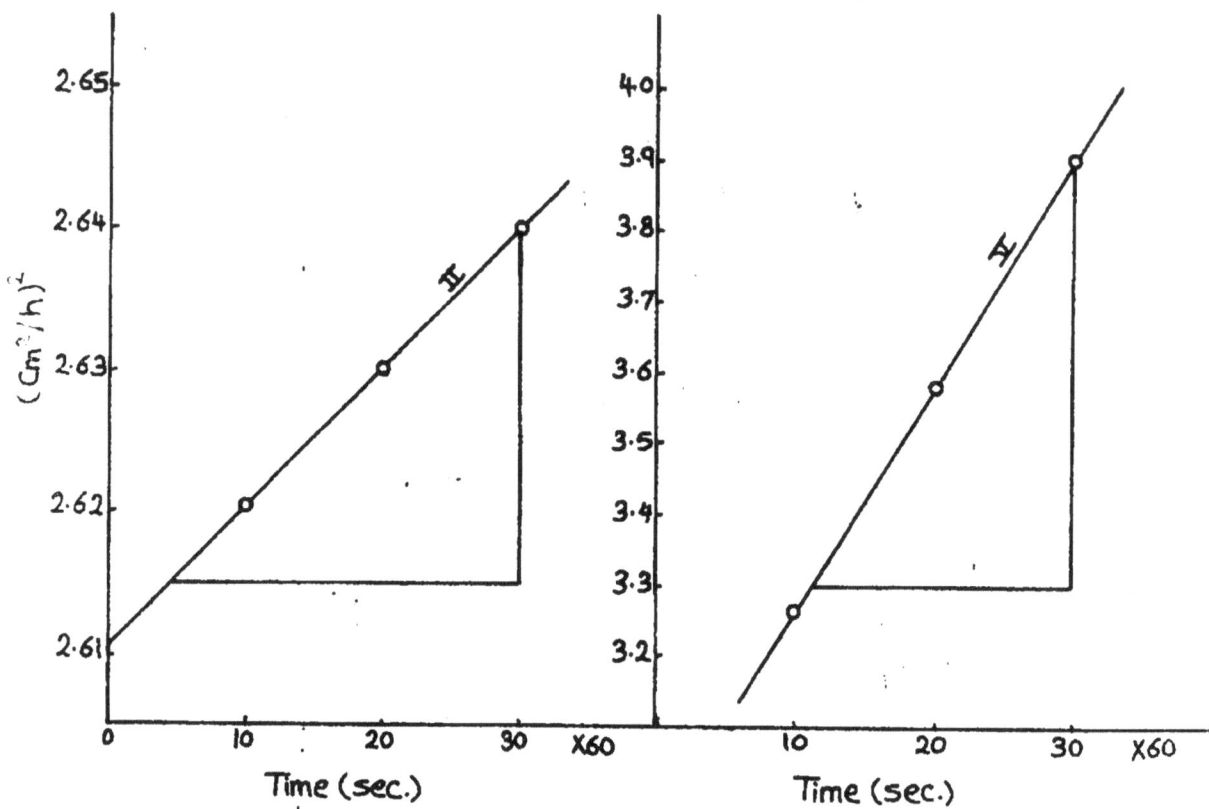

Fig.15. The relation between time (sec.) and $(\text{area}/h)^2$ for determining the Diffusion coefficient for isoenzymes II and V of GPT in sera of patients with Kalaazar.

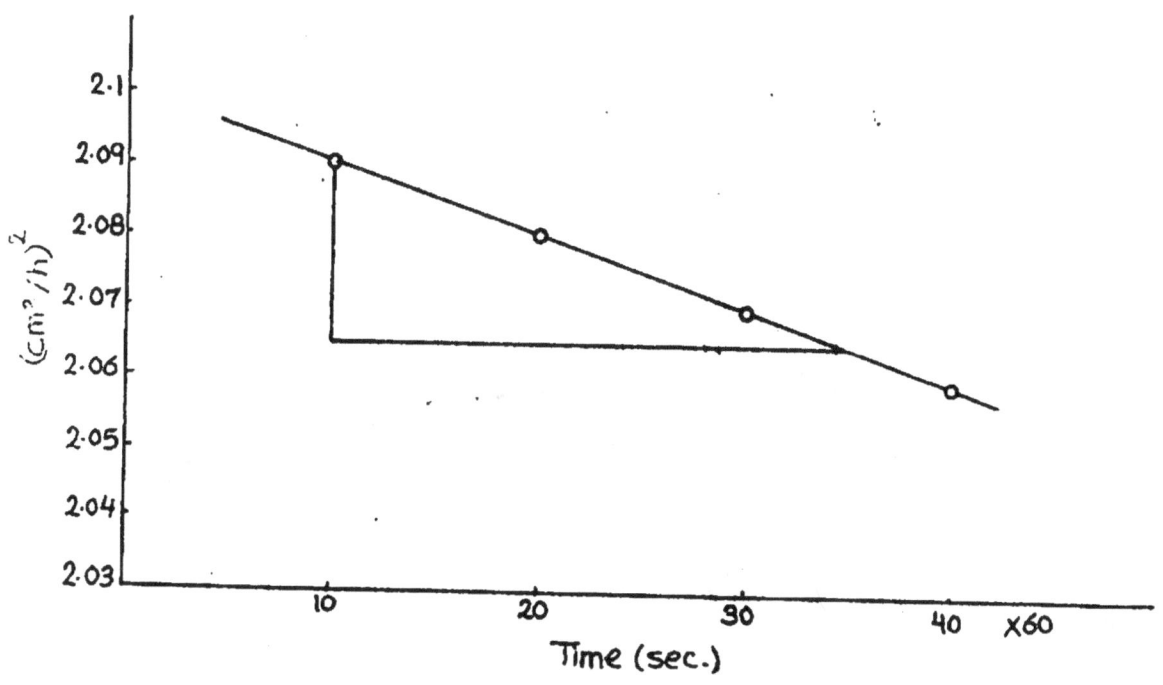

Fig. 16. The relation between time (sec.) and $(\text{area}/h)^2$ for determining the Diffusion Coefficient for isoenzyme IV of GPT in sera of patients with Kalaazar.

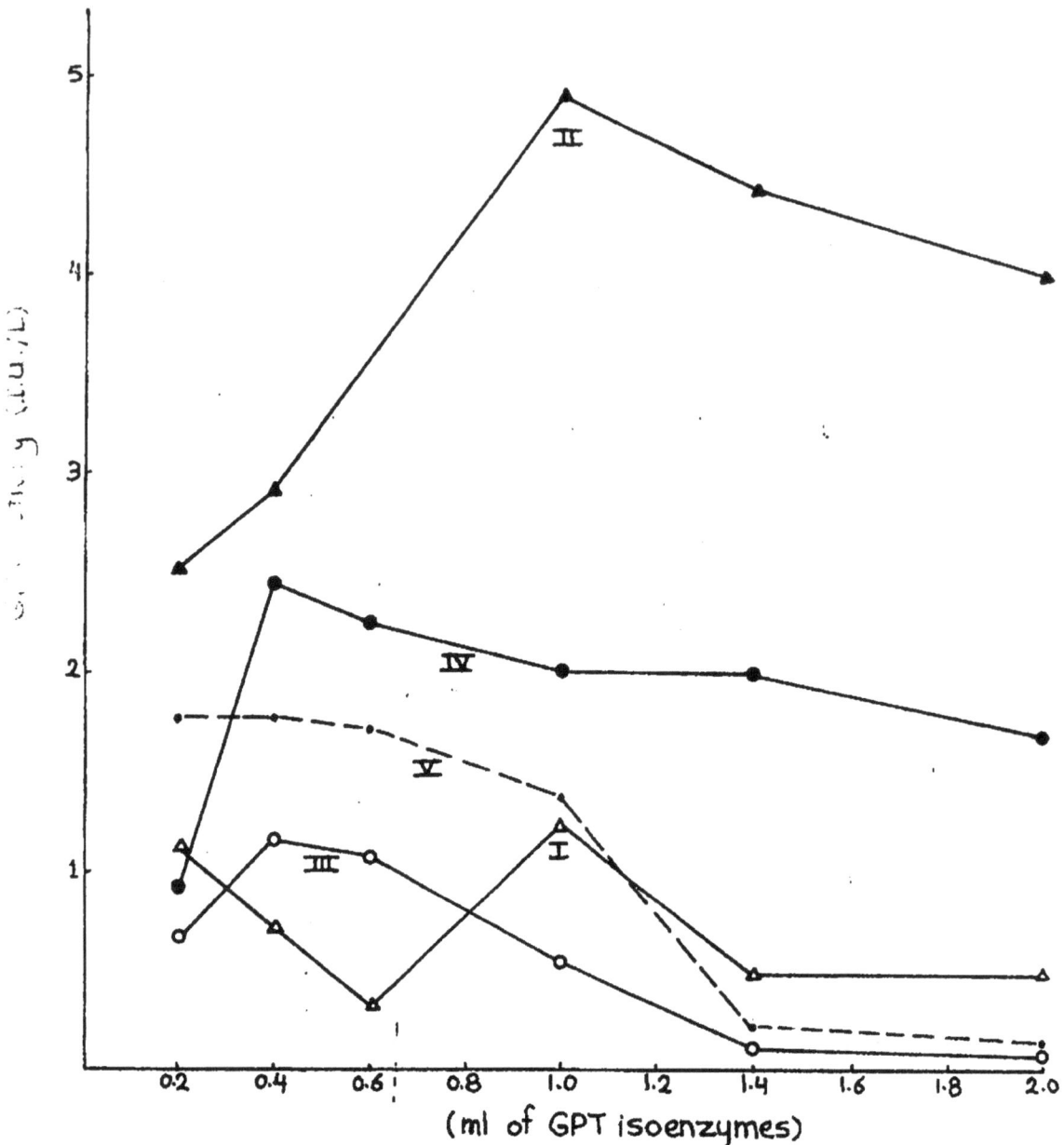

Fig. 17. Effect of enzyme concentration on the activity of isoenzyme
(I, II, III, IV and V) using the optimum conc. of DL-alanine (0.1)M
and optimum conc. for α-ketoglutarate (0.0015)M, at pH 7.4.

▲———▲ represents isoenzyme I

△———▲   "   "   II

○———○   "   "   III

●———●   "   "   IV

•------•   "   "   V

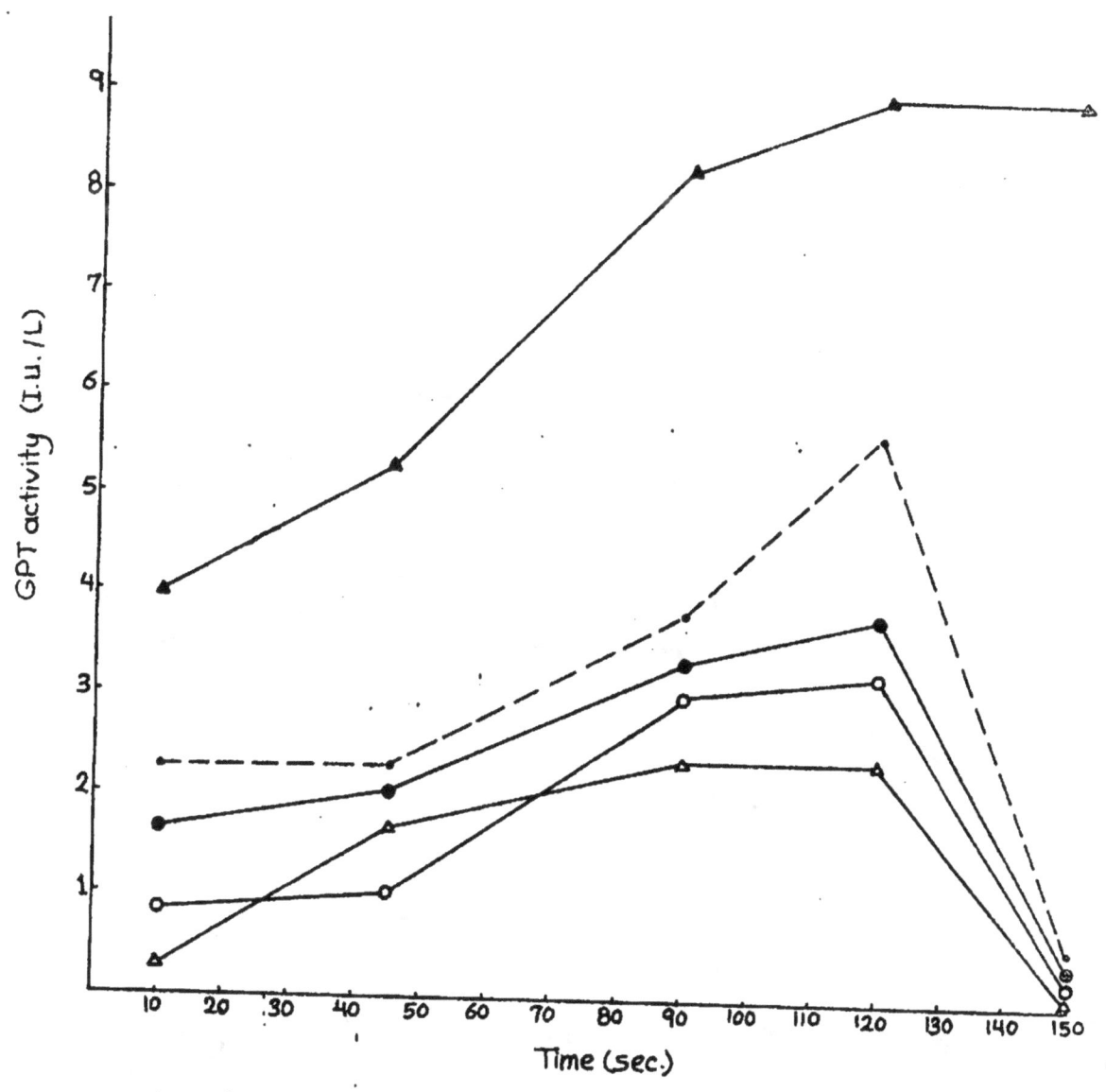

Fig. 18. Effect of incubation time upon the activity of each isoenzyme using DL-alanine conc. (0.1) M and (0.0015) M for α-ketoglutarate at 37°c temperature, pH = 7.4.

△——△ represents isoenzyme I

▲——▲ " " II

○——○ " " III

●——● " " IV

•– – –• " " V

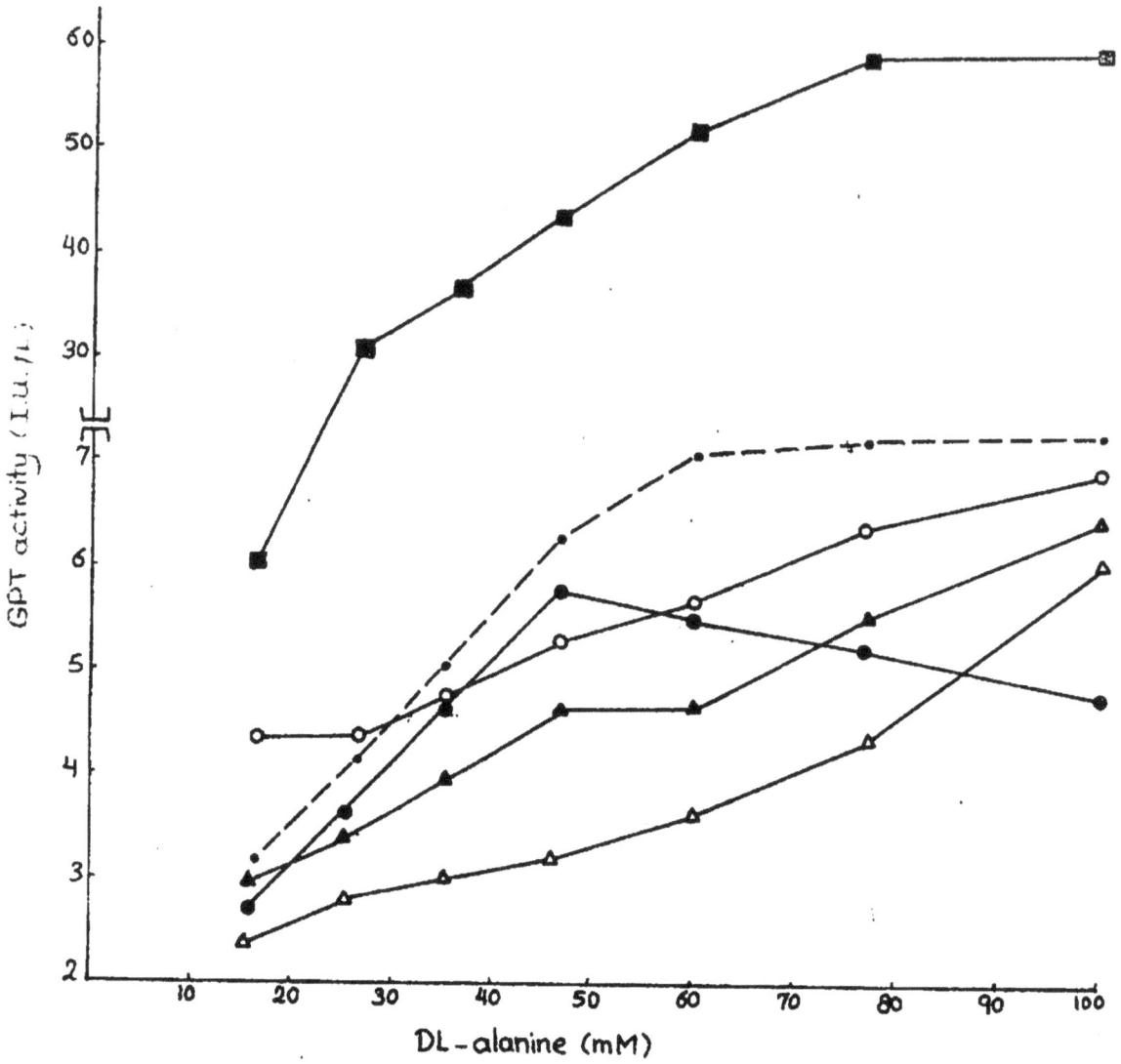

Fig.19. Effect of substrate (DL-alanine) concentration upon reaction rate (velocity vs. conc.) of GPT isoenzymes I, II, III, IV, V and their total in serum of children affected with Kalaazar. The reaction was carried out in potassium phosphate buffer pH 7.4 at 37°C and the different concentrations of DL-alanine (15, 25, 35, 45, 60, 75, 100) mM for (2) hours incubation time.

△——△ represents isoenzyme I
▲——▲ 〃 〃 II
○——○ 〃 〃 III
●——● 〃 〃 IV
•- - - -• 〃 〃 V
■——■ 〃 total GPT isoenzyme

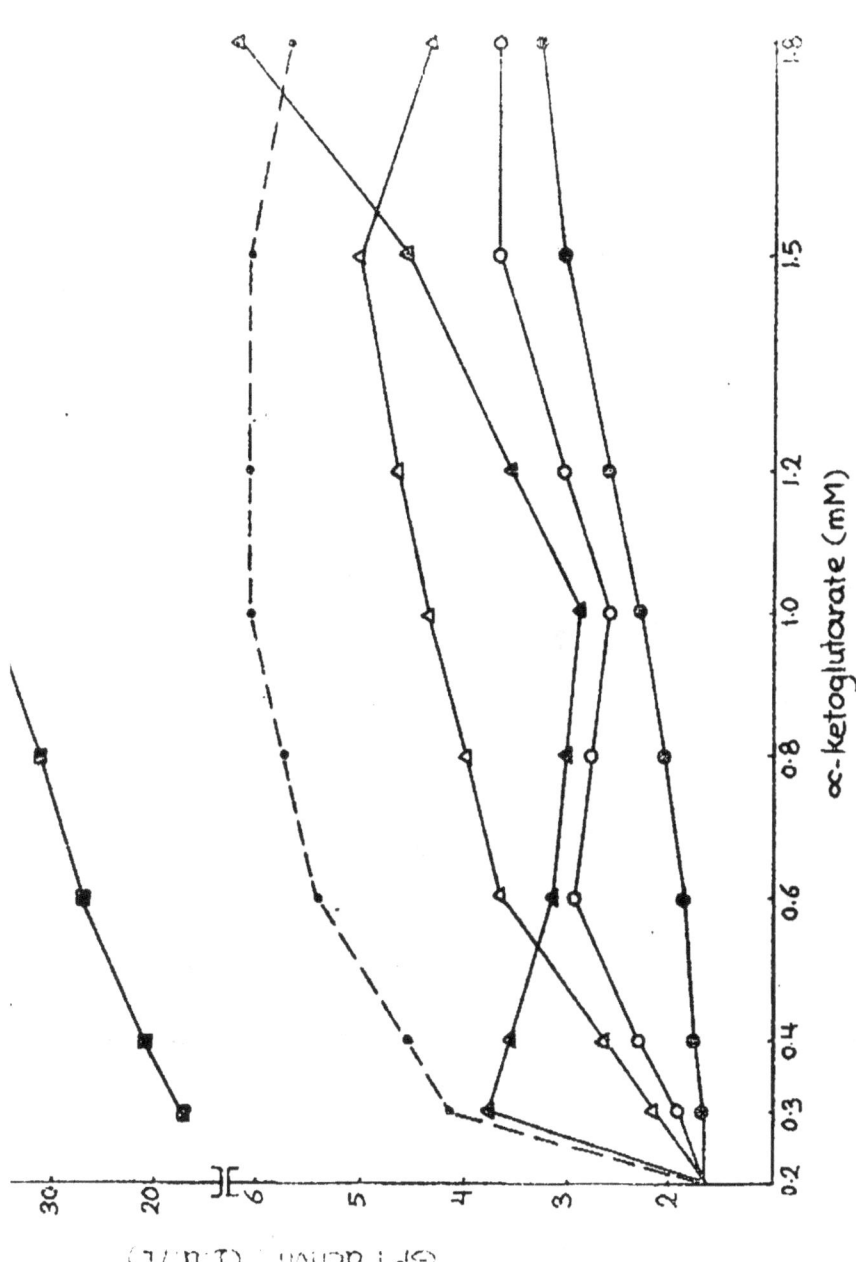

Fig. 20. Effect of α-ketoglutarate concentration upon reaction rate (velocity vs. conc.) of GPT isoenzymes I, II, III, IV, V and their total in serum of children with kala azar. The concentrations of α-ketoglutarate used were (0.2, 0.4, 0.6, 0.8, 1.0, 1.2, 1.5, 1.8) mM. The other details as in Fig. 19.

△——△ represents isoenzyme I
▲——▲   "   "   II
○——○   "   "   III
⊕——⊕   "   "   IV
•·····•   "   "   V
⊠——⊠   "   total GPT isoenzymes.

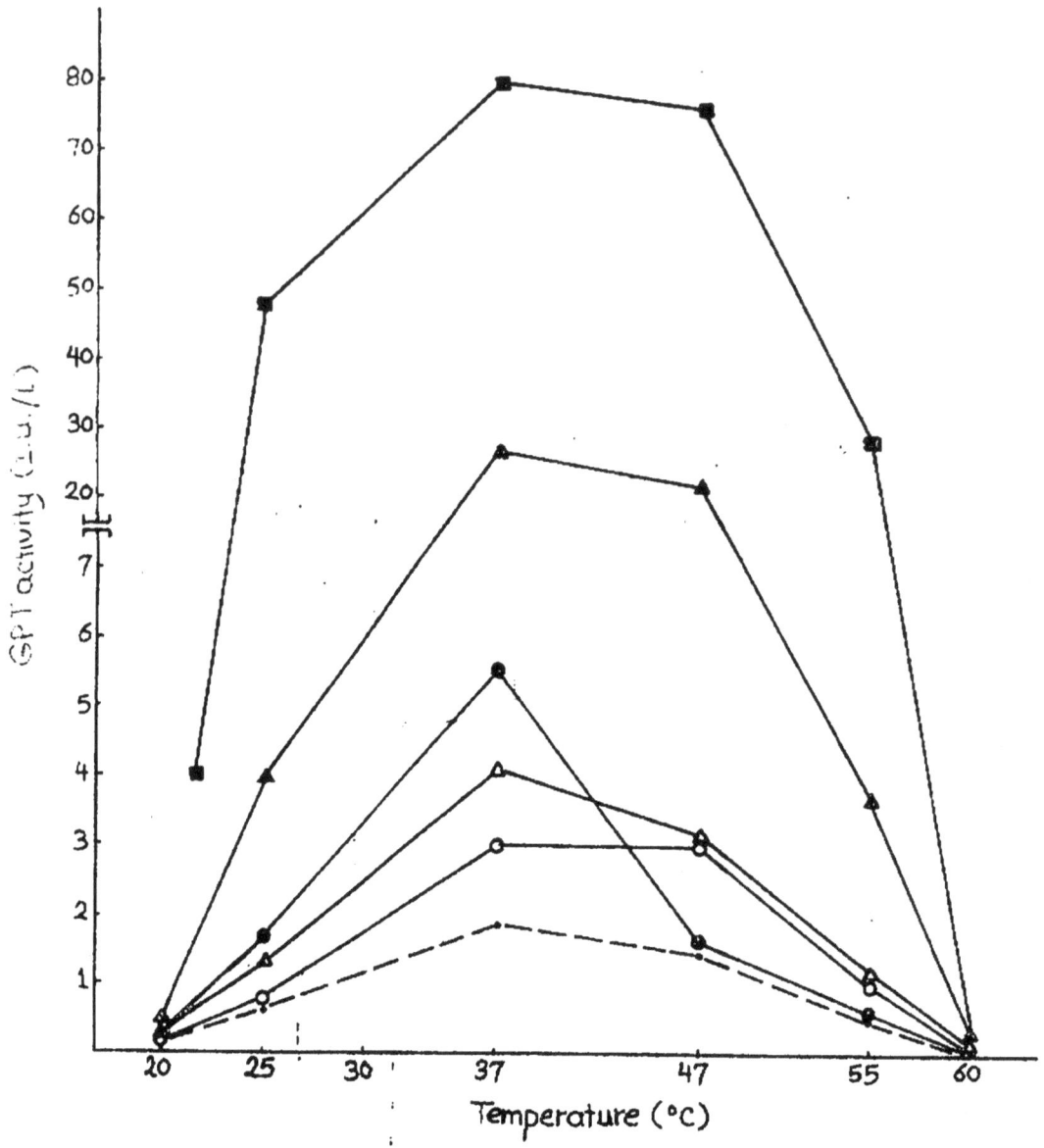

Fig. 21. Effect of incubation temperature upon the activity of GPT isoenzymes I, II, III, IV, V and their total in the serum of children with Kalaazar by plotting velocity vs. temperature. The activity was determined at different incubation temperatures (20°, 25°, 37°, 47°, 55° and 60°)c for (2) hours incubation and optimal substrate concentrations at pH 7.4.

represents isoenzyme I
,, ,, II
,, ,, III
,, ,, IV
,, ,, V
,, total GPT isoenzymes

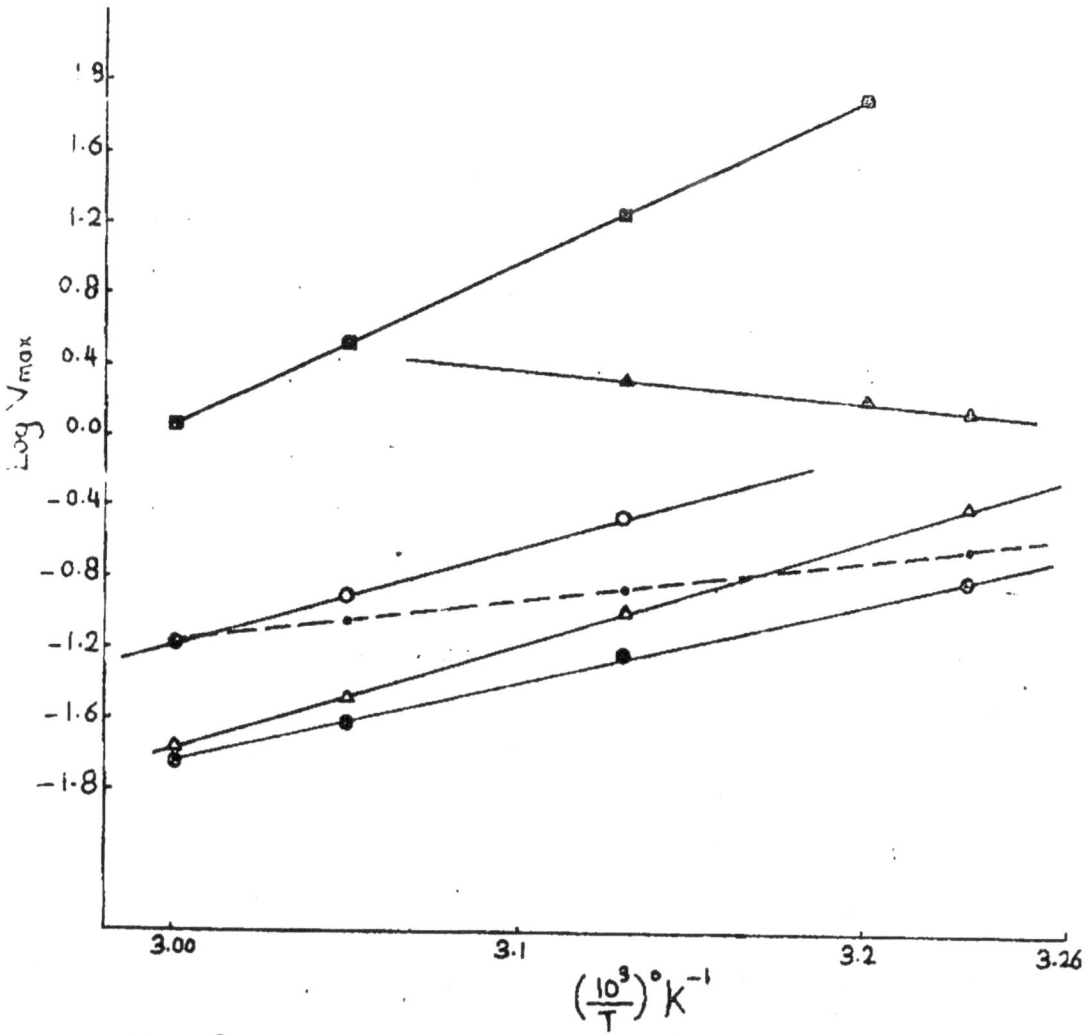

Fig. 22. Effect of incubation temperature upon the activity of GPT isoenzymes I, II, III, IV, V and their total in the serum of children with Kalaazar by plotting Log V_{max} vs. $1/T$. The velocity was determined at different incubation temperatures $(20°, 25°, 37°, 47°, 55°, 60°)$ C. Incubation time was (2) hours and optimal substrate concentration at pH 7.4 was used for carrying out the enzymatic reaction.

△———△ represents isoenzyme I
▲———▲   "   "   II
○———○   "   "   III
●———●   "   "   IV
•—·—•   "   "   V
▪———▪   "   total GPT isoenzymes

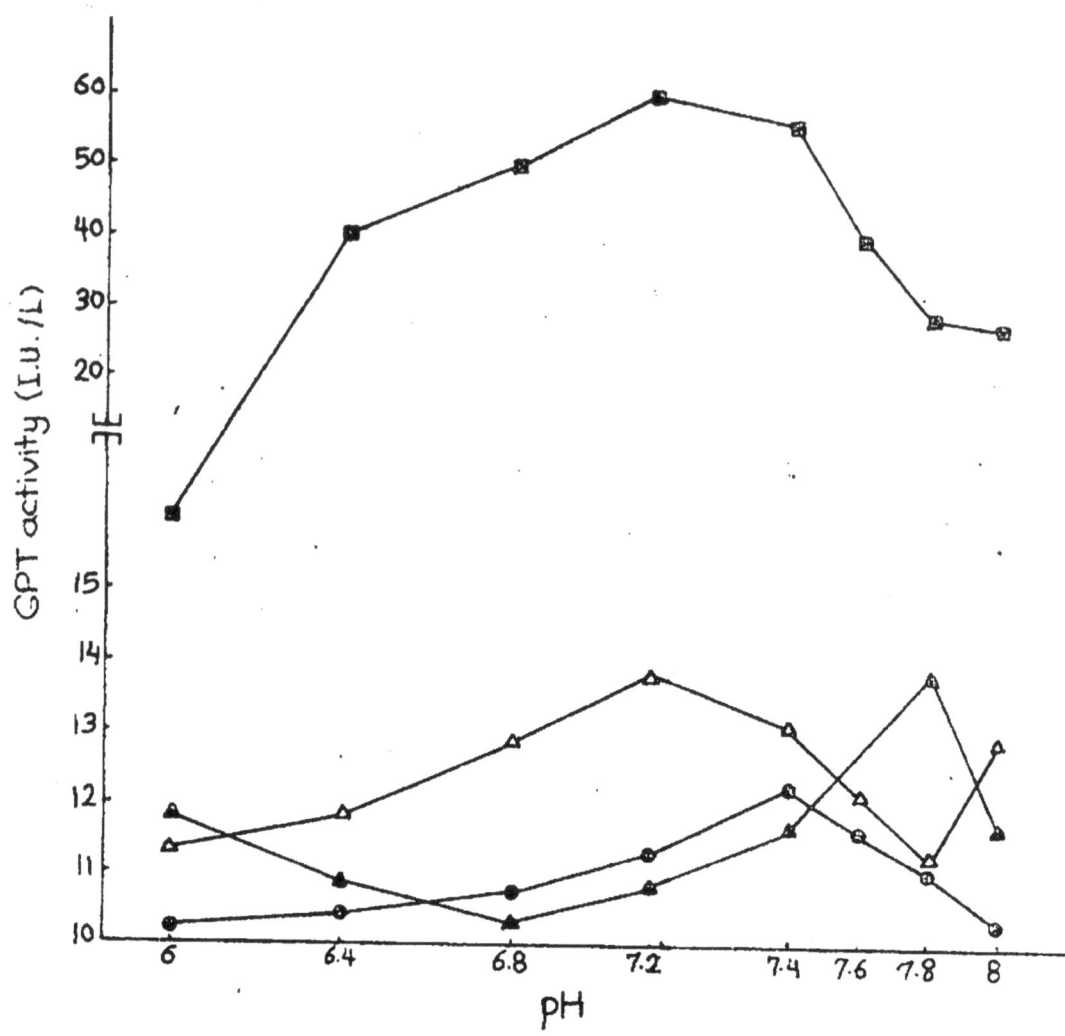

Fig. 23. Effect of pH upon activity of GPT isoenzymes I, II, IV and their total in sera of patients affected by Kalaazar (velocity vs. pH). The reaction was carried out at different pH values (6.0, 6.4, 6.8, 7.2, 7.4, 7.6, 7.8 and 8.0) using (0.1)M potassium phosphate buffer. The activity was determined at optimal conditions of substrate conc. and temp. for each form.

△———△ represents isoenzyme I
▲———▲   "   "   II
●———●   "   "   IV
▣———▣   "   total GPT isoenzymes

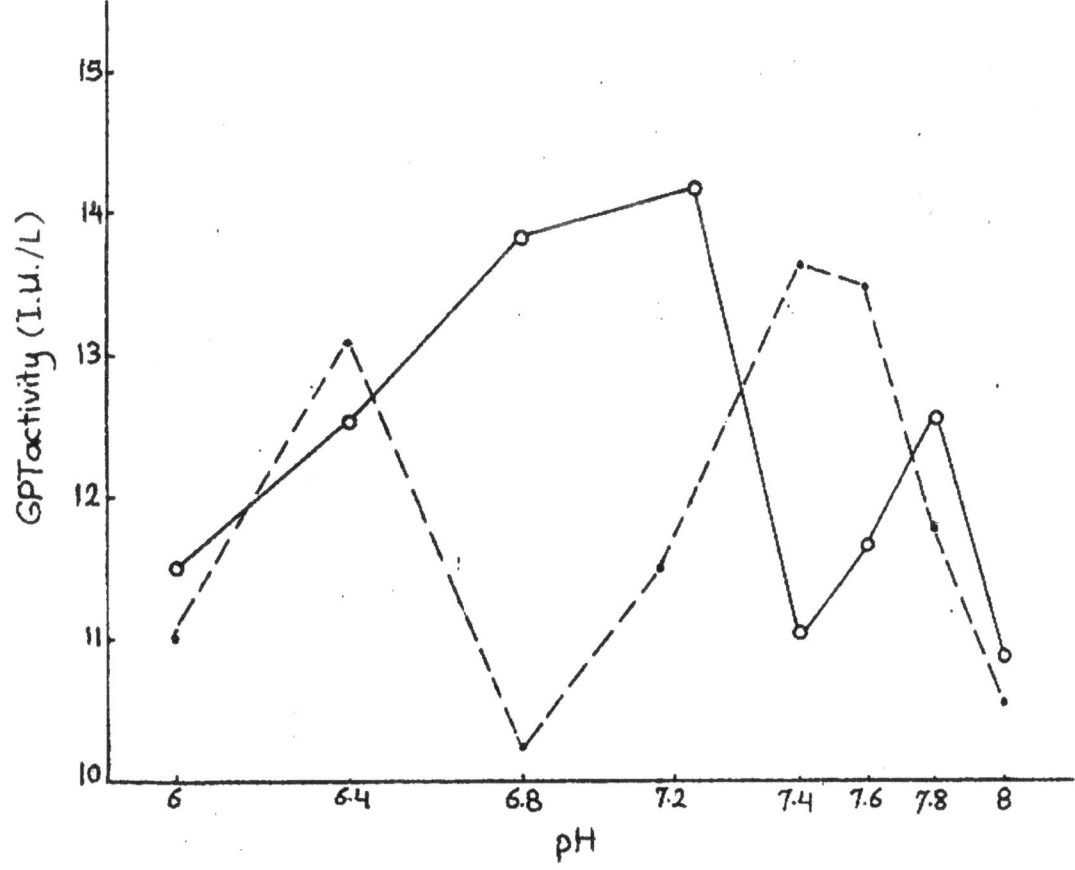

Fig.24.Effect of pH upon activity of GPT isoenzymes III and V of patients affected by Kalaazar (velocity vs.pH).The reaction was carried out at different pH values (6.0, 6.4, 6.8. 7.2, 7.4, 7.6, 7.8 and 8.0) using (0.1) M potassium phosphate buffer. The activity was determined at optimal conditions of substrate conc. and temp. for each form.

o———o represents isoenzyme III

•----•   "   "   V

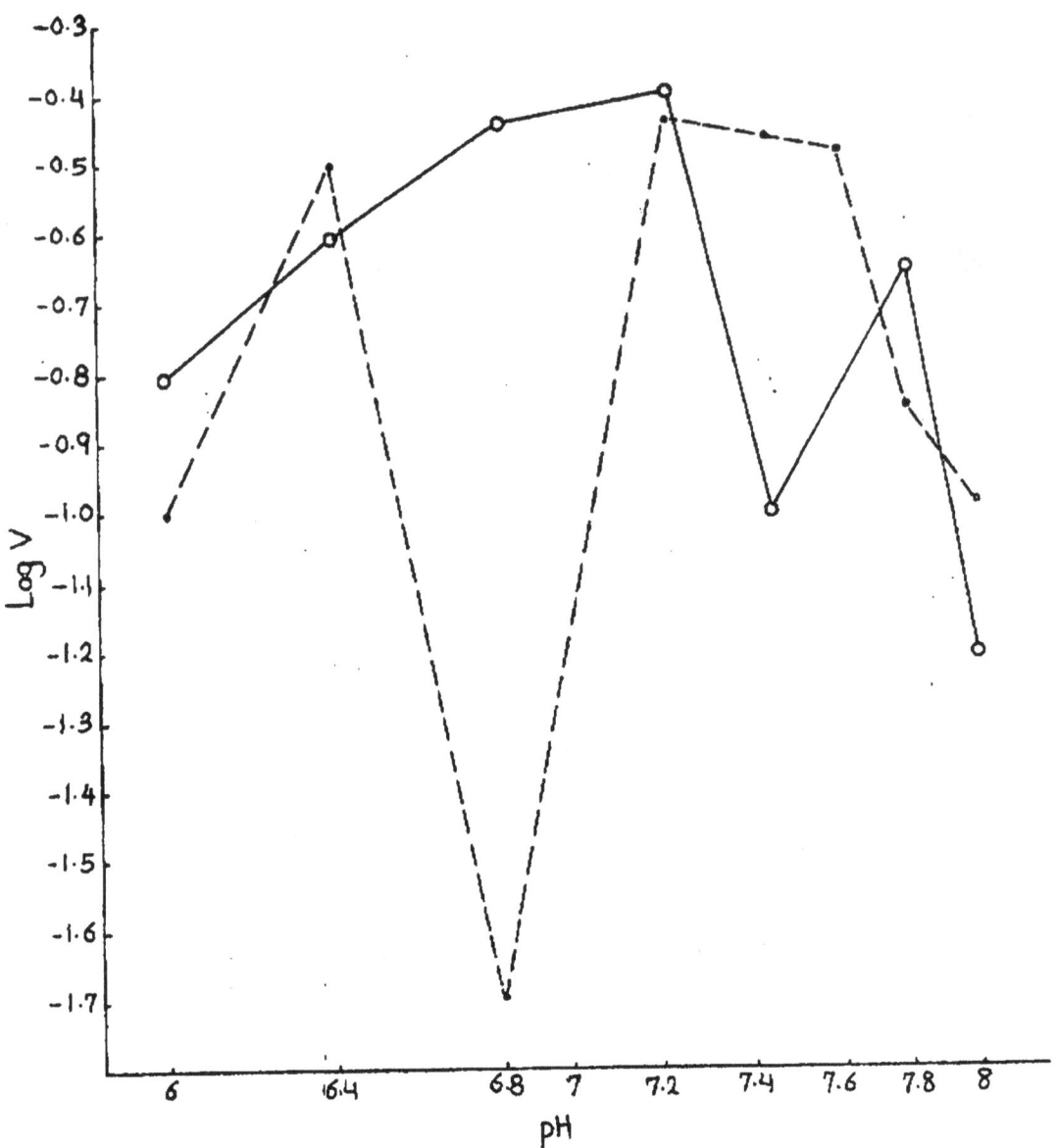

Fig. 25. Effect of pH on the initial velocity of the reaction for GPT isoenzymes III and V in sera of children with Kalaazar (Log V vs. pH). The other details as in Fig. 24.

o——o represents isoenzyme III

.——. " " V

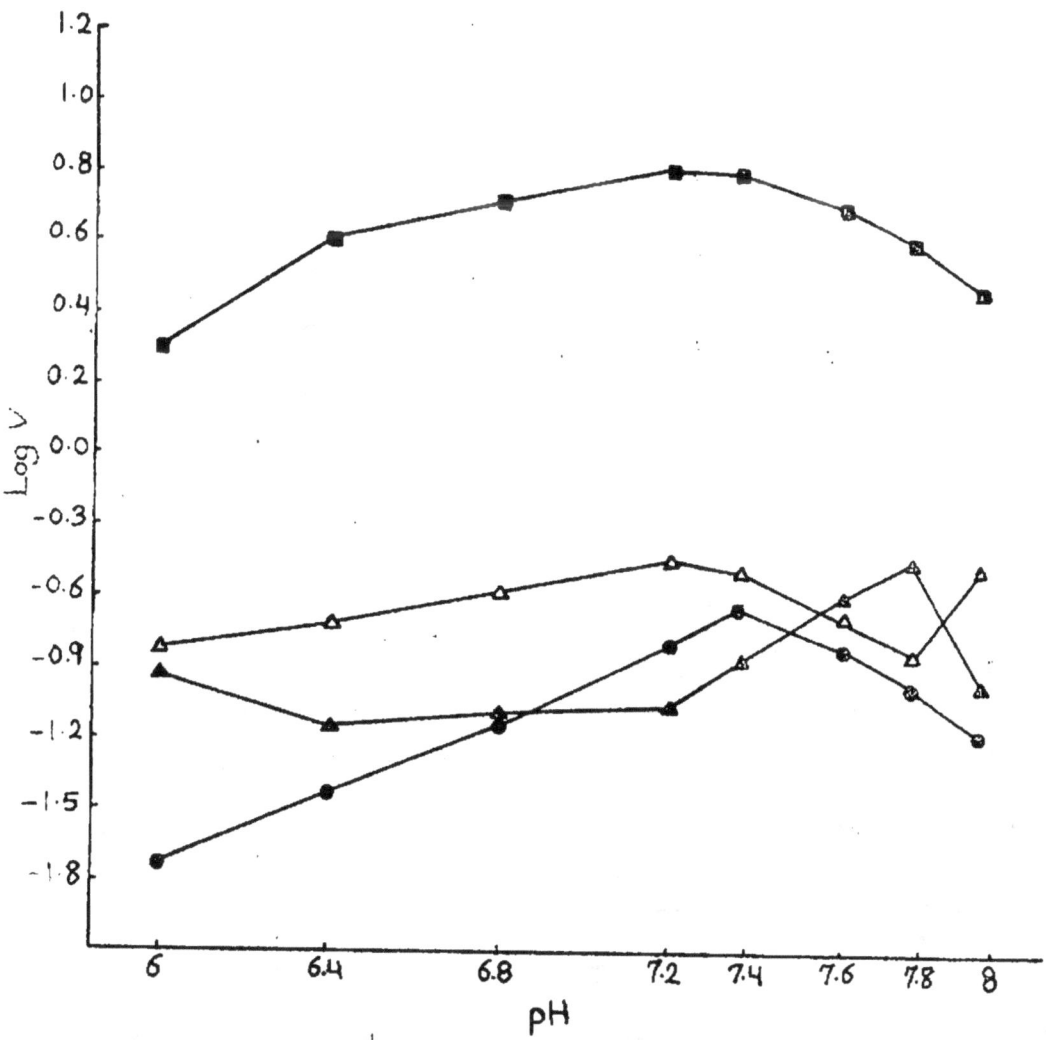

Fig.26. Effect of pH on the initial velocity of the reaction for GPT isoenzymes I, II, IV and their total in sera of children with Kalaazar (Log V vs. pH). The other details as in Fig. 23.

△────△ represents isoenzyme I

▲────▲   "   "   II

◉────◉   "   "   IV

▣────▣   "   total GPT isoenzymes

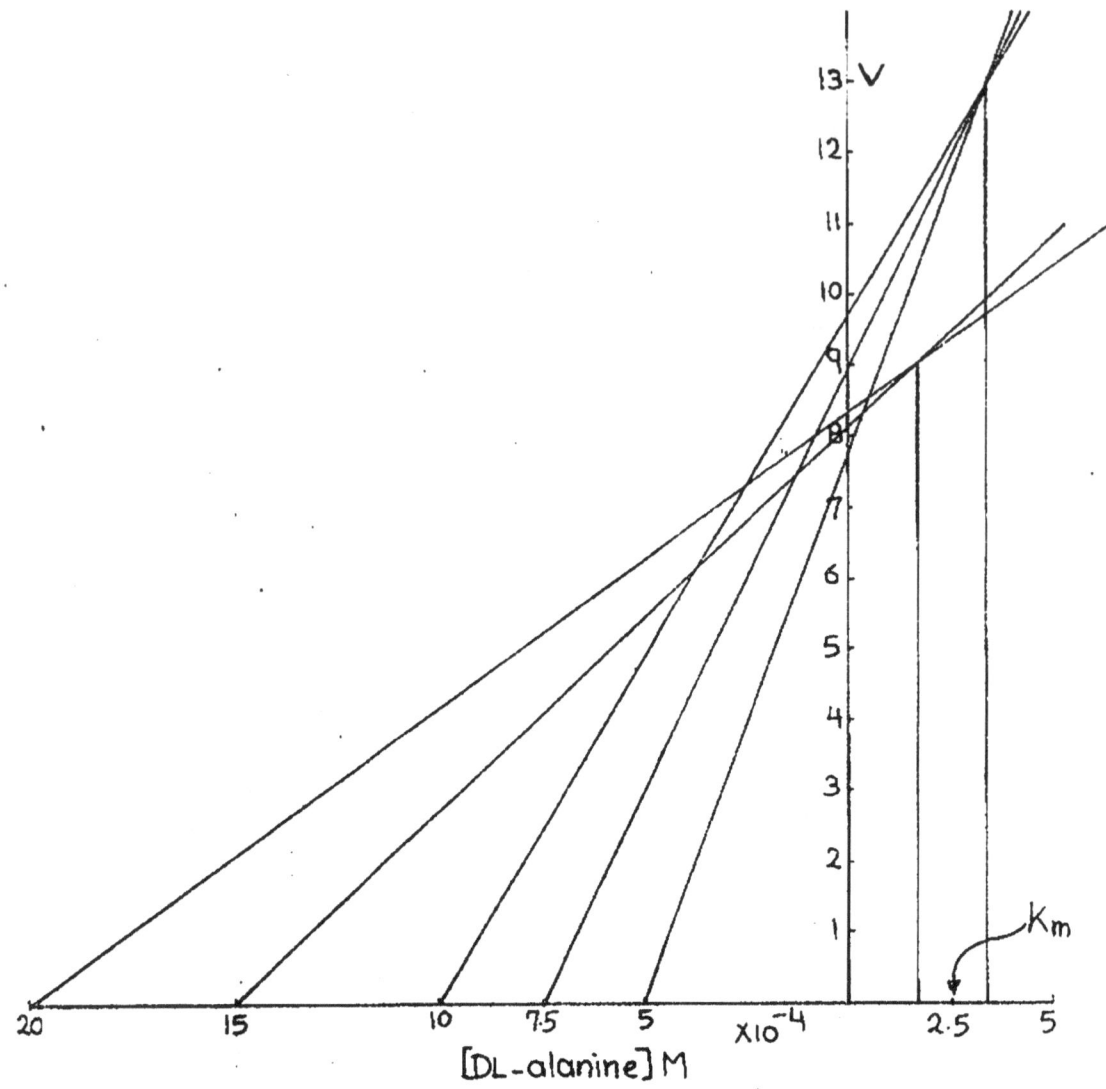

Fig. 27. K_m (DL-alanine) determination for GPT isoenzyme IV using the direct linear plot (V vs. alanine conc.). The reaction was carried out at different alanine conc. $(5, 7.5, 10, 15, 20) \times 10^{-4}$ M and optimal conditions of α-ketoglutarate conc., temp. and pH.

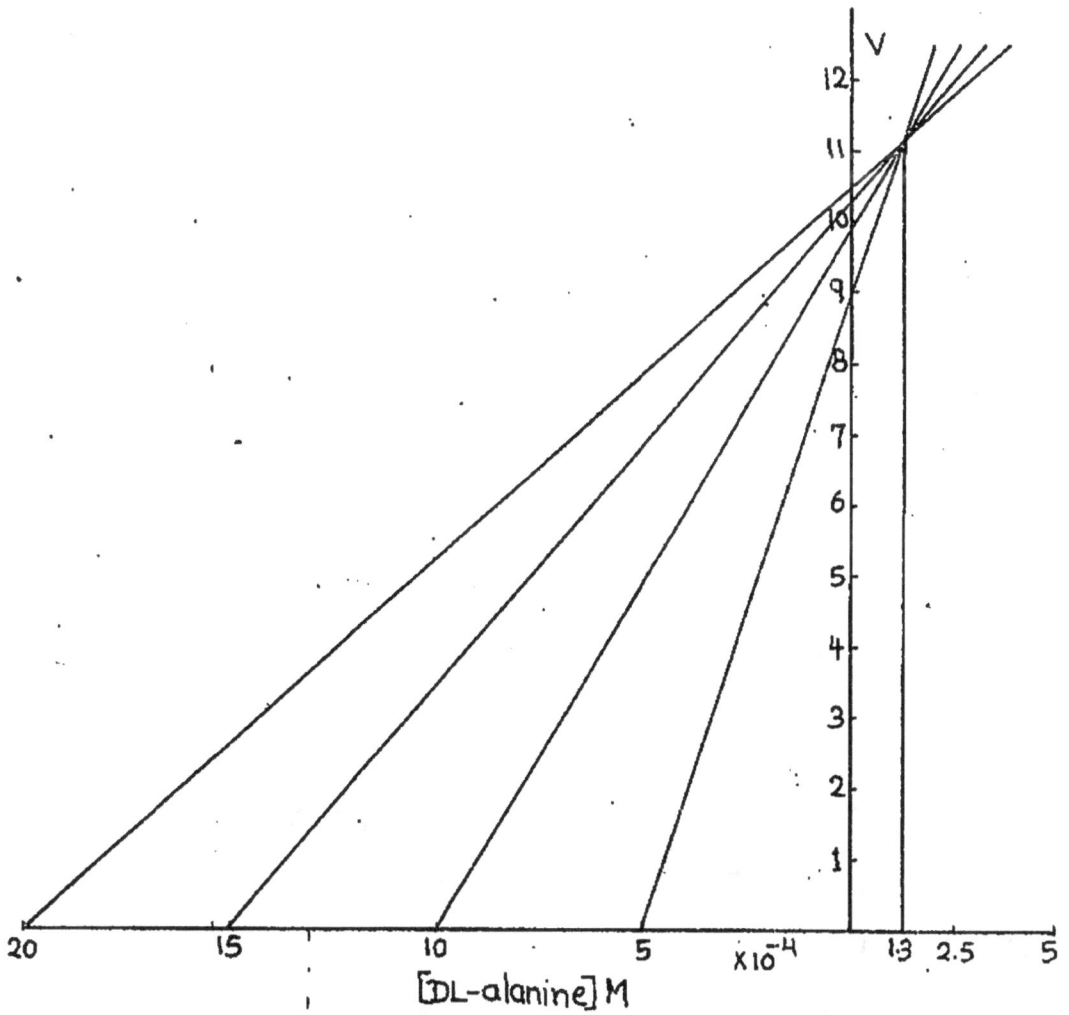

Fig. 28. K_m (DL-alanine) determination for GPT isoenzyme V using the direct linear plot (v vs. alanine conc.). The reaction was carried out at different alanine conc. (5, 7.5, 10, 15, 20) × 10^{-4} M and optimal conditions of α-ketoglutarate conc., temp. and pH.

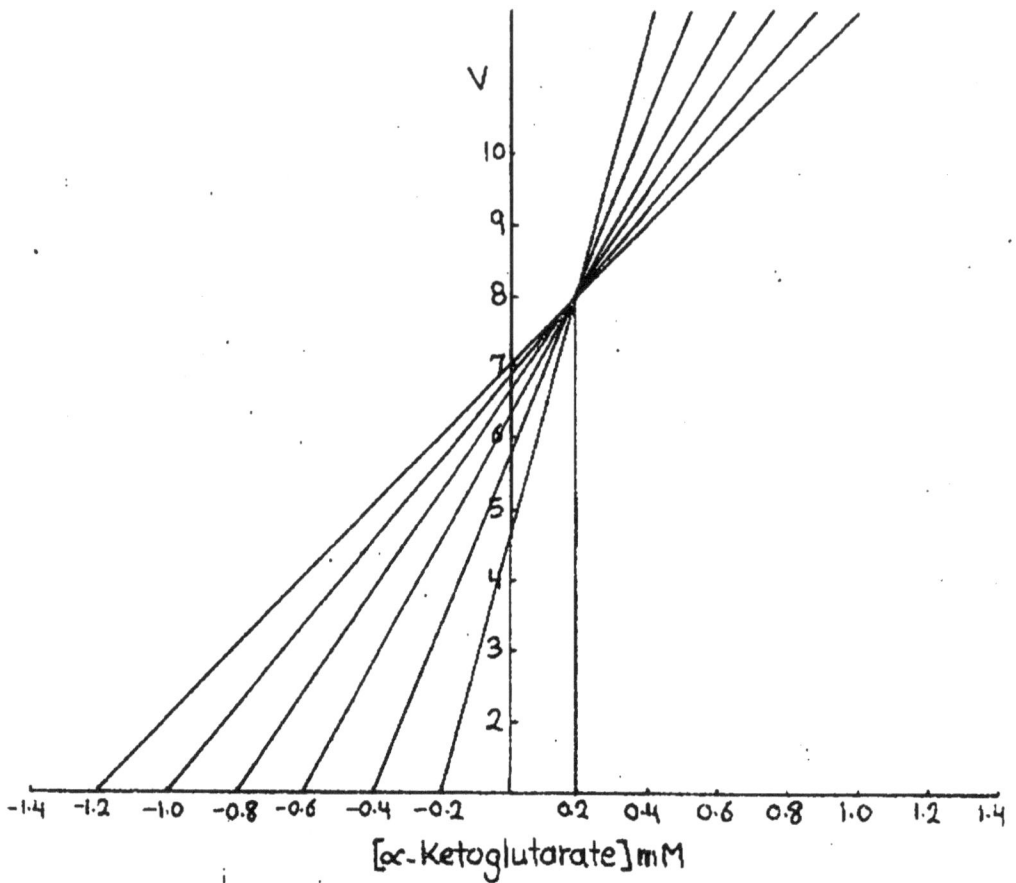

Fig. 29. K_m (α-ketoglutarate) determination for GPT isoenzyme IV using the direct linear plot (V vs. α-ketoglutarate conc.). The activity was determined at different α-ketoglutarate concentrations (0.2, 0.4, 0.6, 0.8, 1.0, 1.2, 1.5, 1.8) mM and optimal conditions of DL-alanine conc., temp. and pH.

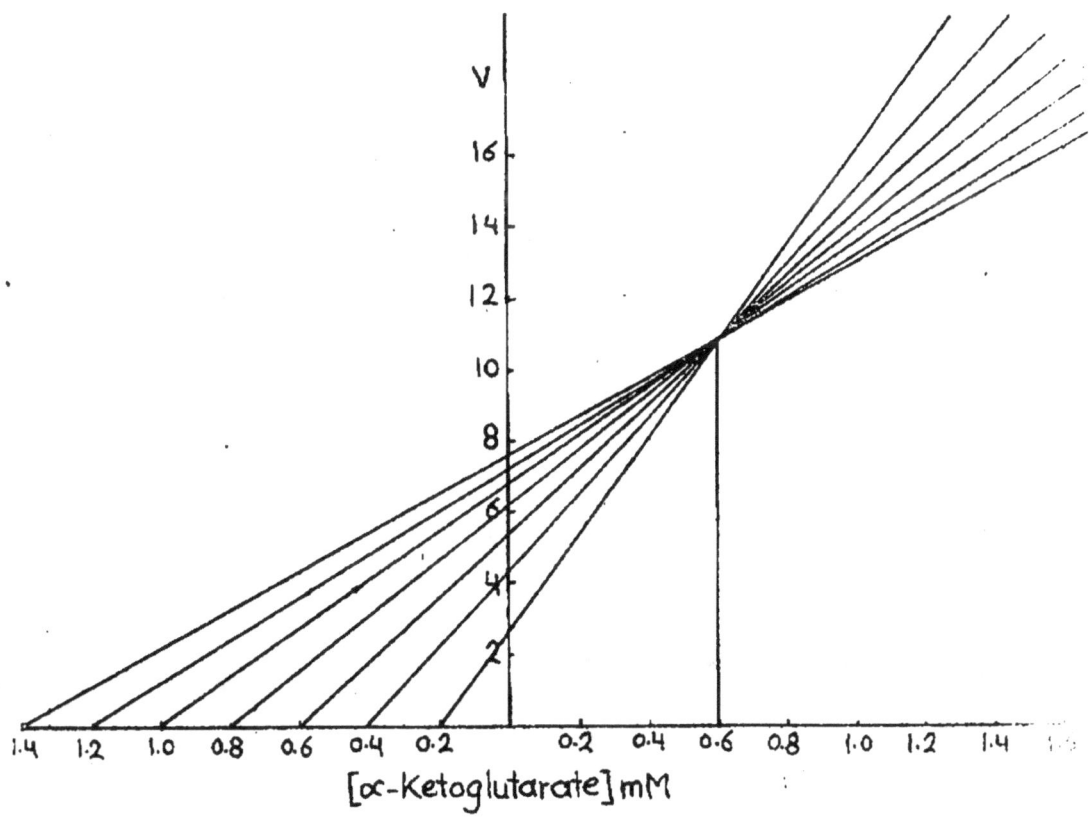

Fig. 30. Km (α-ketoglutarate) determination for GPT isoenzyme V using the direct linear plot (V vs. α-ketoglutarate conc.). The activity was determined at different α-ketoglutarate concentrations (0.2, 0.4, 0.6, 0.8, 1.0, 1.2, 1.5, 1.8) mM and optimal conditions of DL-alanine conc., temp. and pH.

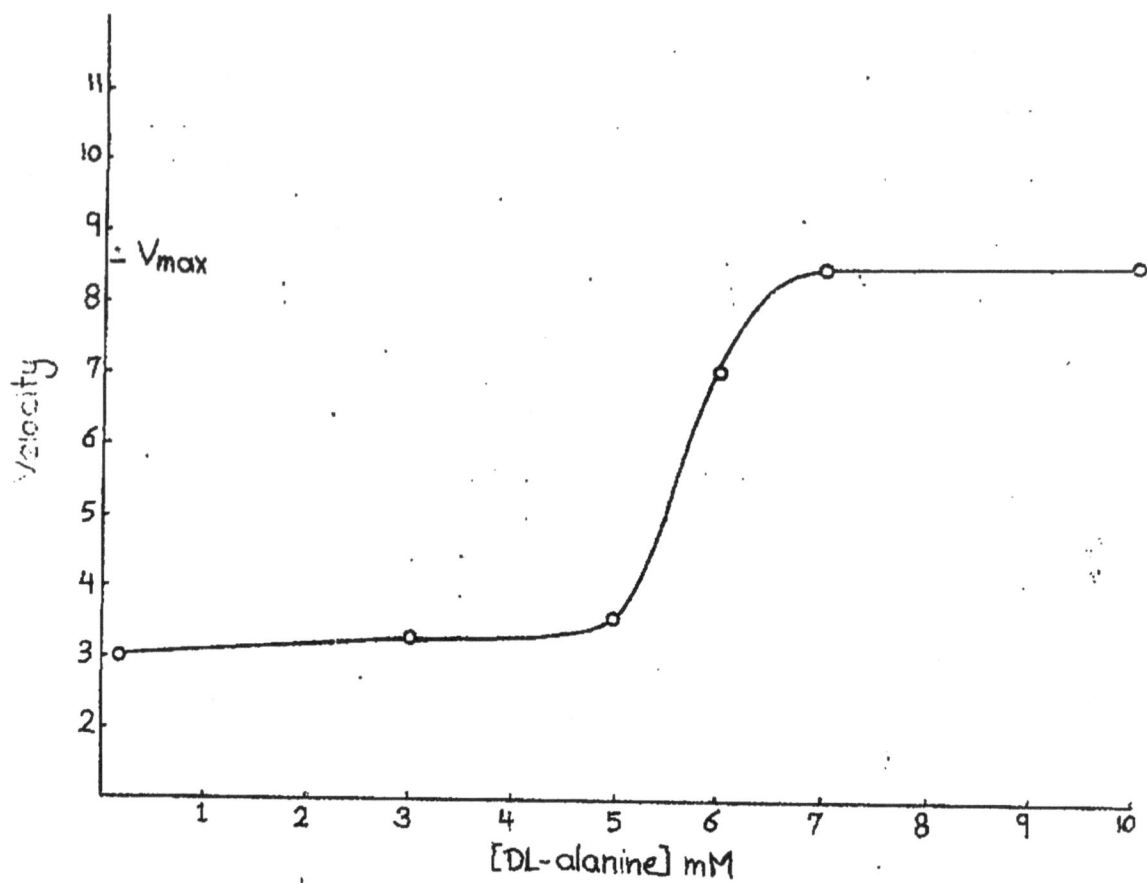

Fig.31. The sigmoidal shape for GPT isoenzyme I using the relation between (V vs. alanine conc.). The reaction was carried out at different alanine conc. (0.2, 3, 5, 6, 7, 10) mM and optimal conditions of α-ketoglutarate conc., temp. and pH.

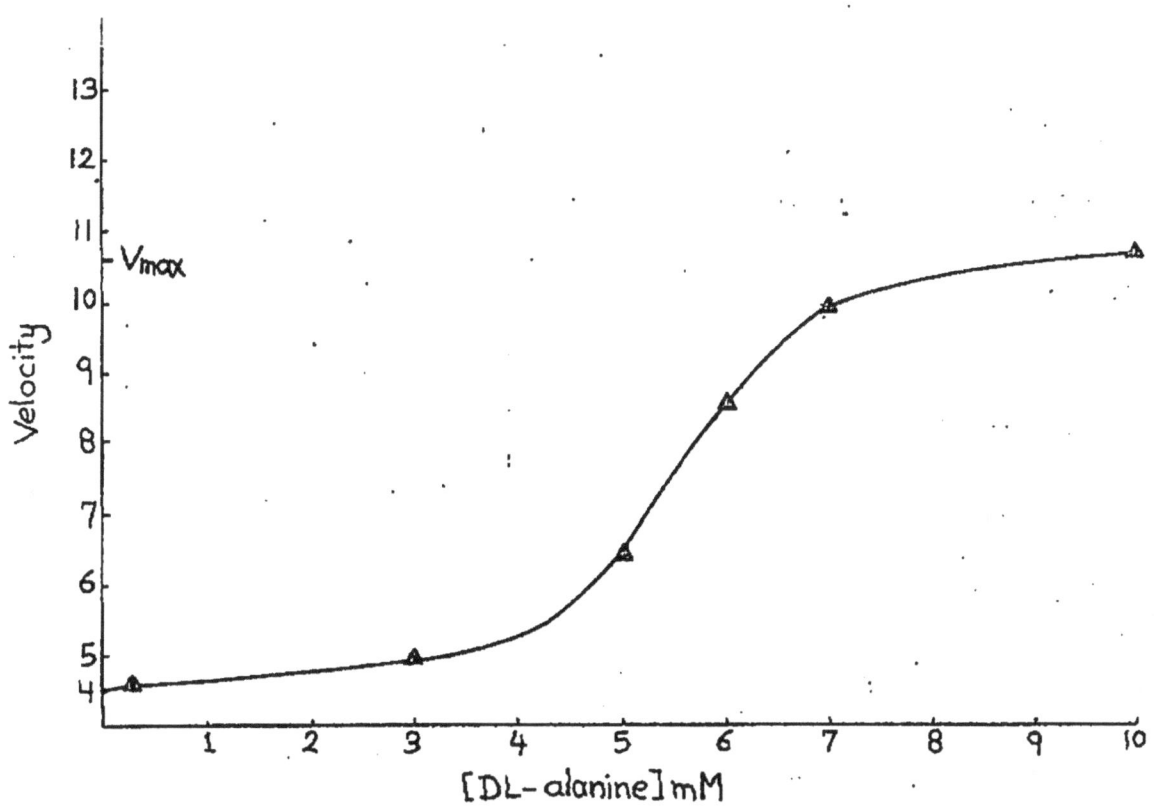

Fig. 32. The sigmoidal shape for GPT isoenzyme II using the relation between (V vs. alanine conc.). The reaction was carried out at different alanine conc. (0.2, 3, 5, 6, 7, 10) mM and optimal conditions of α-ketoglutarate conc., temp. and pH.

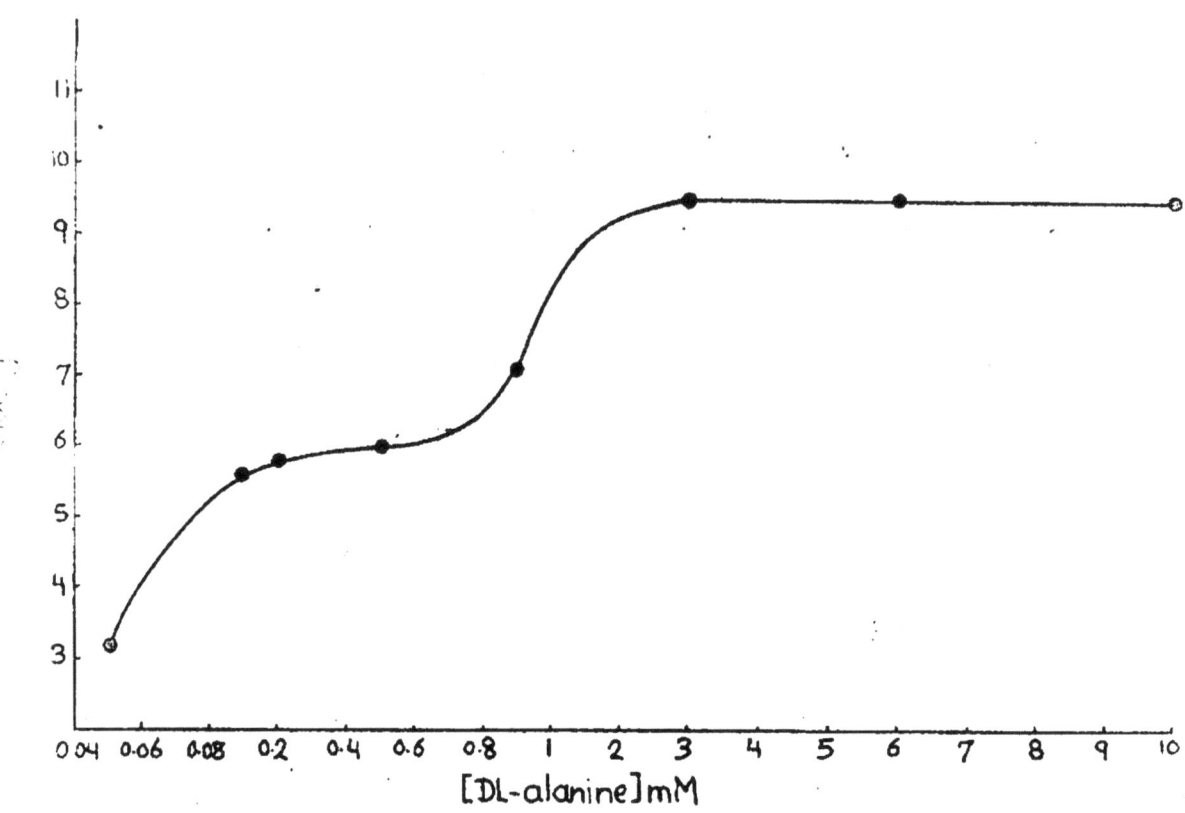

Fig. 33. The sigmoidal shape for GPT isoenzyme III using the relation between (V vs. alanine conc.). The reaction was carried out at different alanine conc. (0.05, 0.1, 0.2, 0.5, 0.9, 3, 6, 10) mM and optimal conditions of α-ketoglutarate conc., temp. and pH.

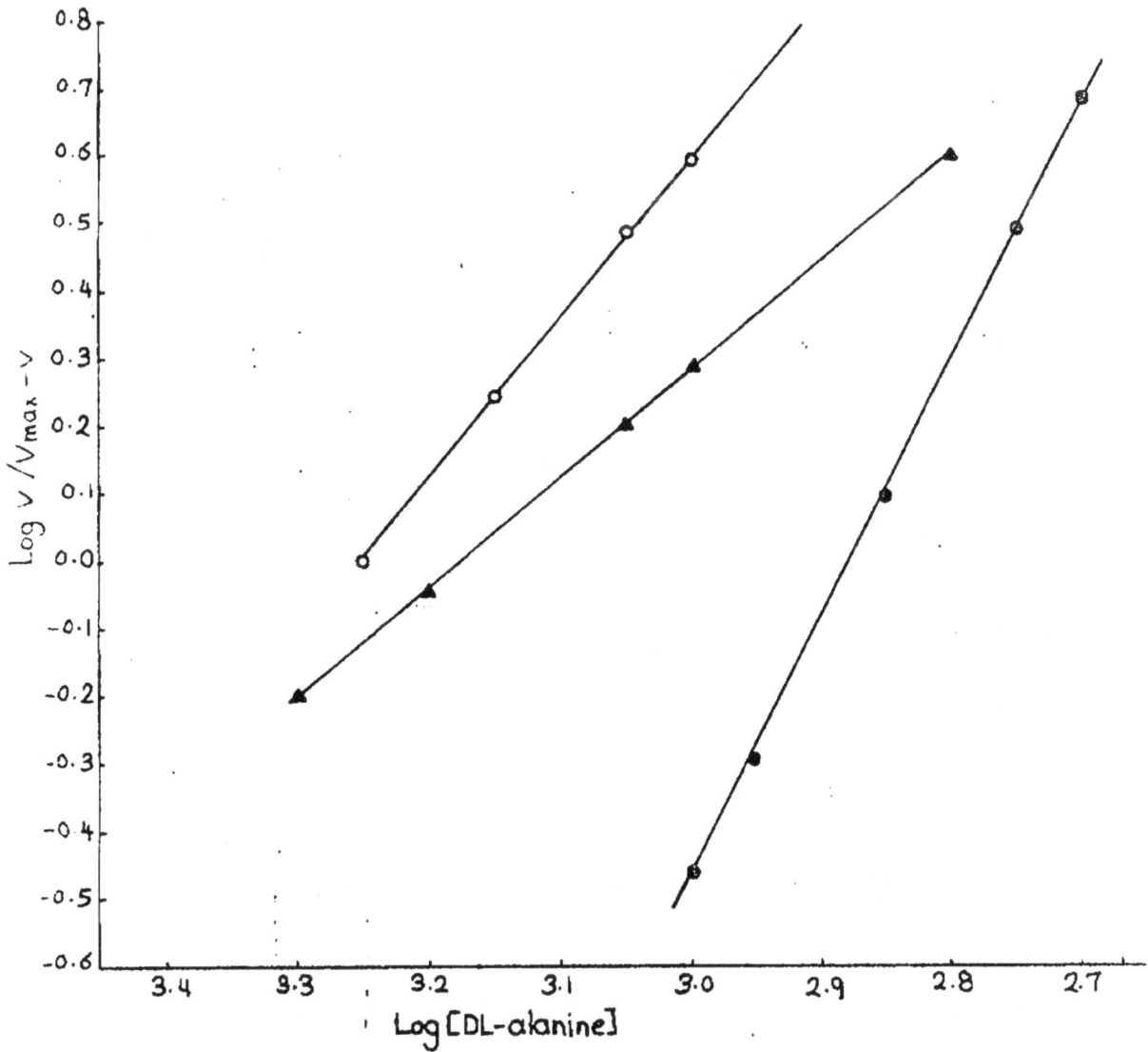

Fig. 34. K′(DL-alanine) determination for GPT isoenzyme I, II and III using the relation between Log v/Vmax−v and Log (DL-alanine conc.). Other details in Fig. 29, 30, 31.

●———● represents isoenzyme I

▲———▲   "   "   II

○———○   "   "   III

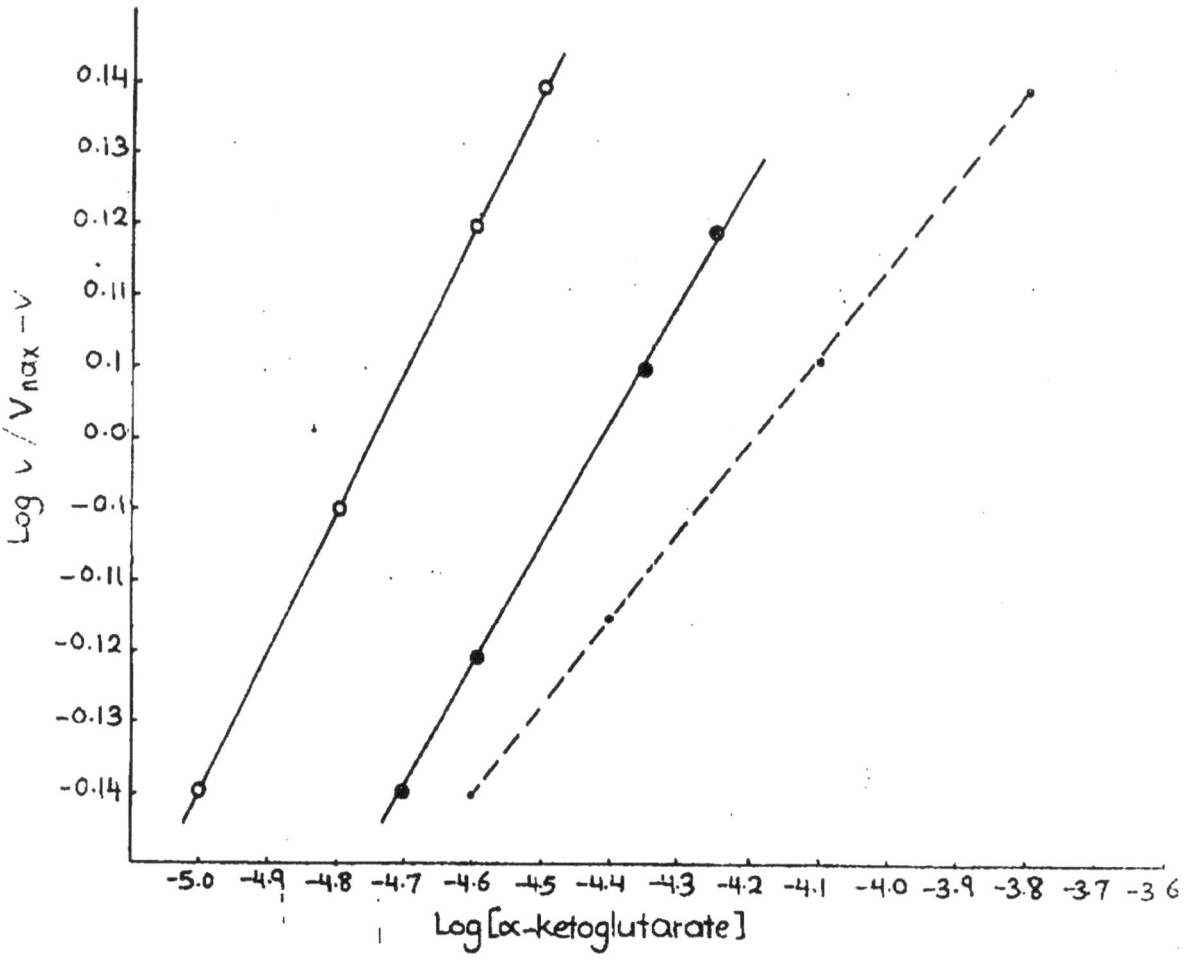

Fig. 35. K′ (α-ketoglutarate) determination for GPT isoenzymes I, II and III using the relationship between Log $v/V_{max}-v$ and Log (α-ketoglutarate conc.). The reaction was carried out at different α-ketoglutarate conc. (0.2, 1.1, 1.8, 2.2, 2.8, 3.3, 3.8, 4.2, 4.6) x10^{-5} mM and optimal conditions of DL-alanine conc., temp. and pH.

o——o represents isoenzyme I

•——• " " II

•- - -• " " III

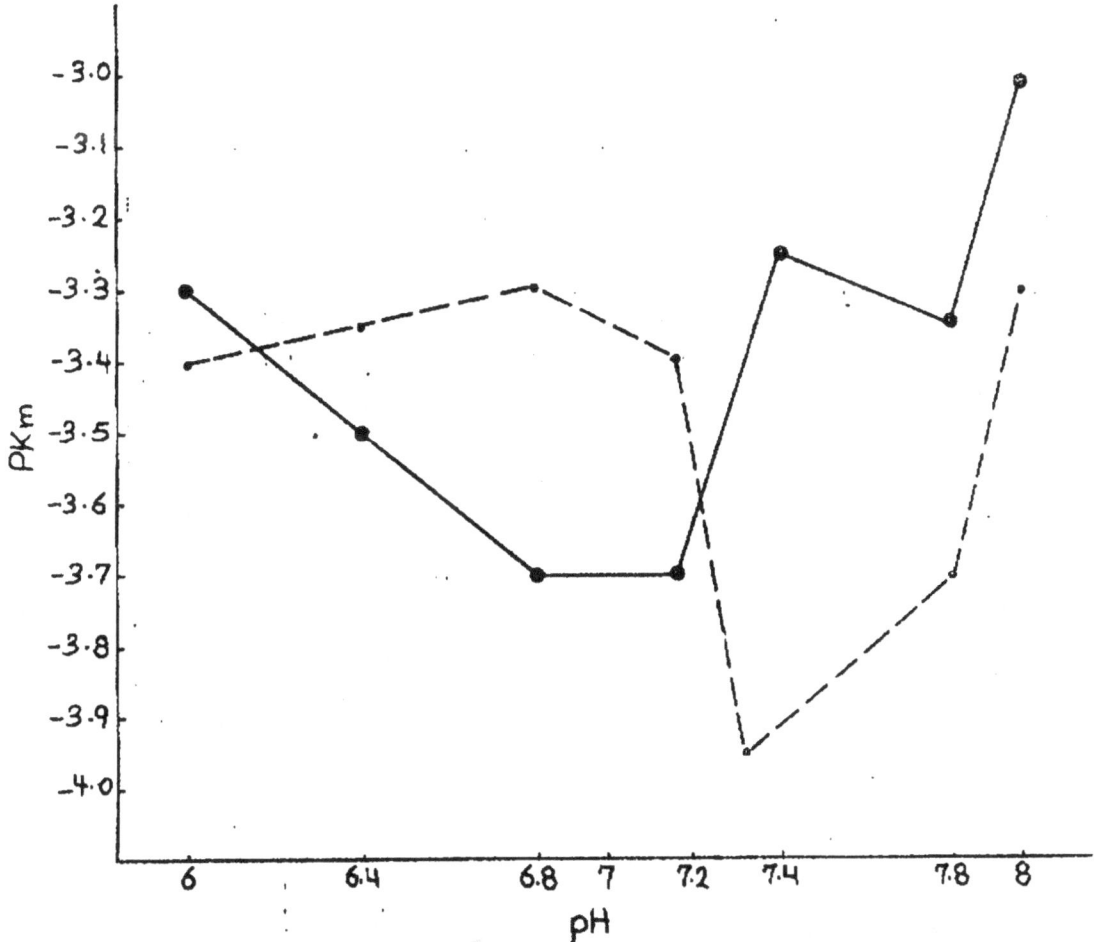

Fig. 36. Effect of pH on K$_m$ (DL-alanine) for isoenzymes IV and V. Velocity measurements were taken at different DL-alanine conc. (0.5, 1.1, 2.28, 57, 71.3, 100) mM in the presence of potassium phosphate buffer (0.1) M at different pH values (6.0, 6.4, 6.8, 7.2, 7.4, 7.8, 8.0).

•————• represents isoenzyme IV

•-----• " " V

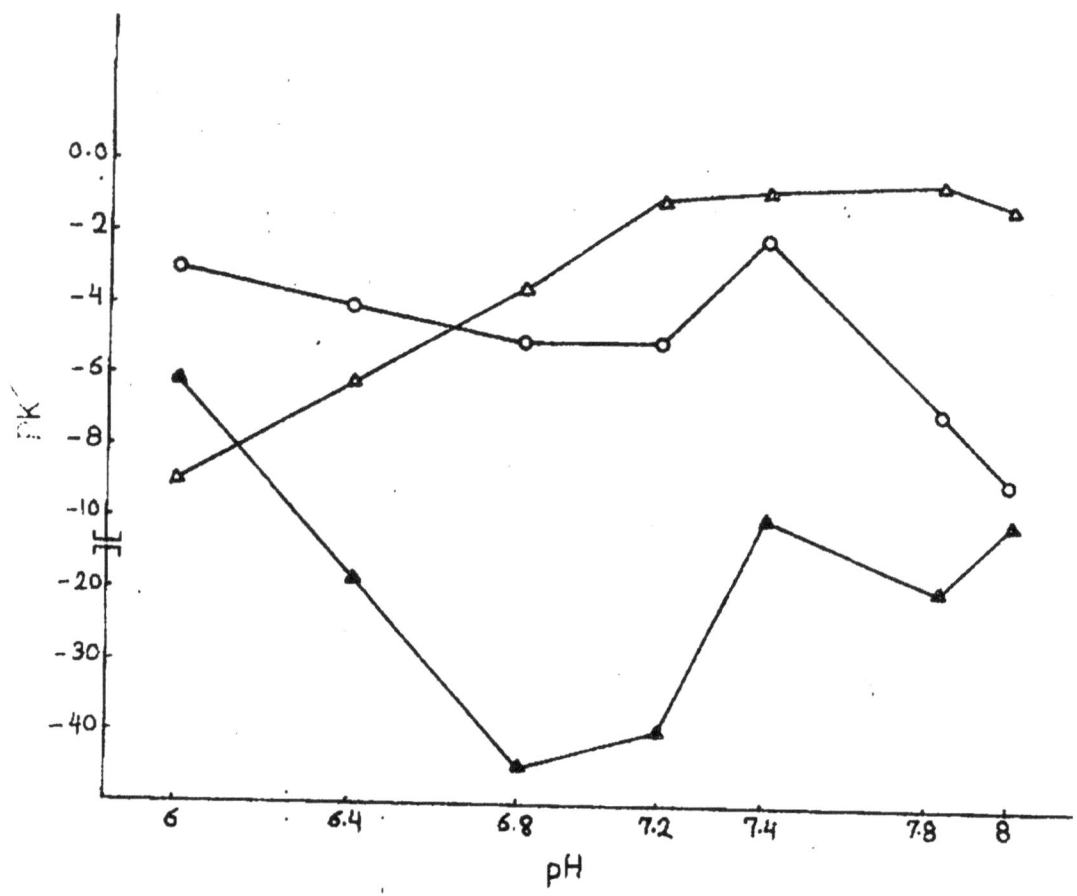

Fig. 37. Effect of pH on k'(DL-alanine) for isoenzymes I, II and III. Velocity measurements were taken at different DL-alanine conc. (0.5, 1.1, 2.28, 57, 71.3, 100) mM in the presence of potassium phosphate buffer (0.1) M at different pH values (6, 6.4, 6.8, 7.2, 7.4, 7.8, 8.0)

△——————△ represents isoenzyme I

△——————▲ "   "   II

○——————○ "   "   III

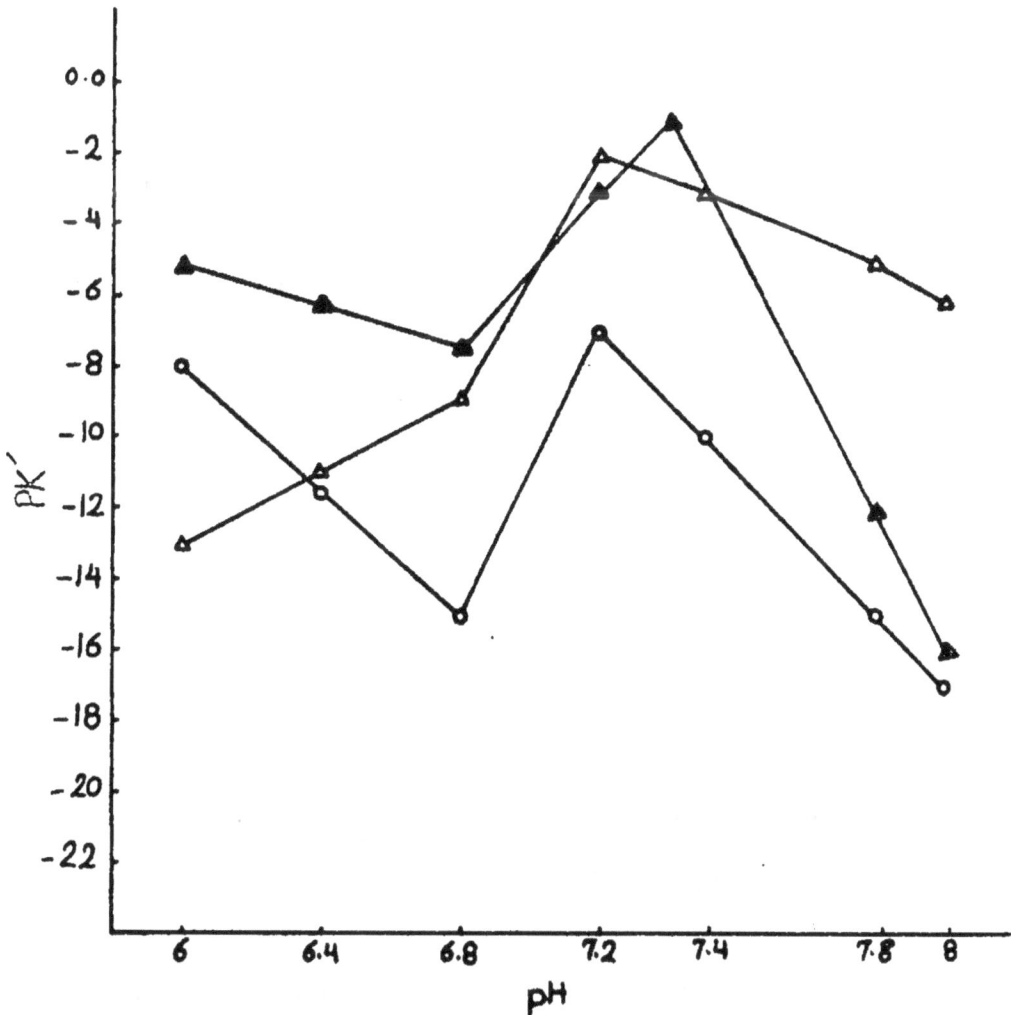

Fig. 38. Effect of pH on K'(α-ketoglutarate) for isoenzymes I, II, III.
Velocity measurements were taken at different α-ketoglutarate
conc. (0.1, 0.2, 0.4, 1.0, 1.5, 27.5, 55) mM in the presence of (0.1)
M potassium phosphate buffer at different pH values (6.0,
6.4, 6.8, 7.2, 7.4, 7.8, 8.0).

▲——▲ represents isoenzyme I.

▲——▲   "   "   II.

o——o   "   "   III.

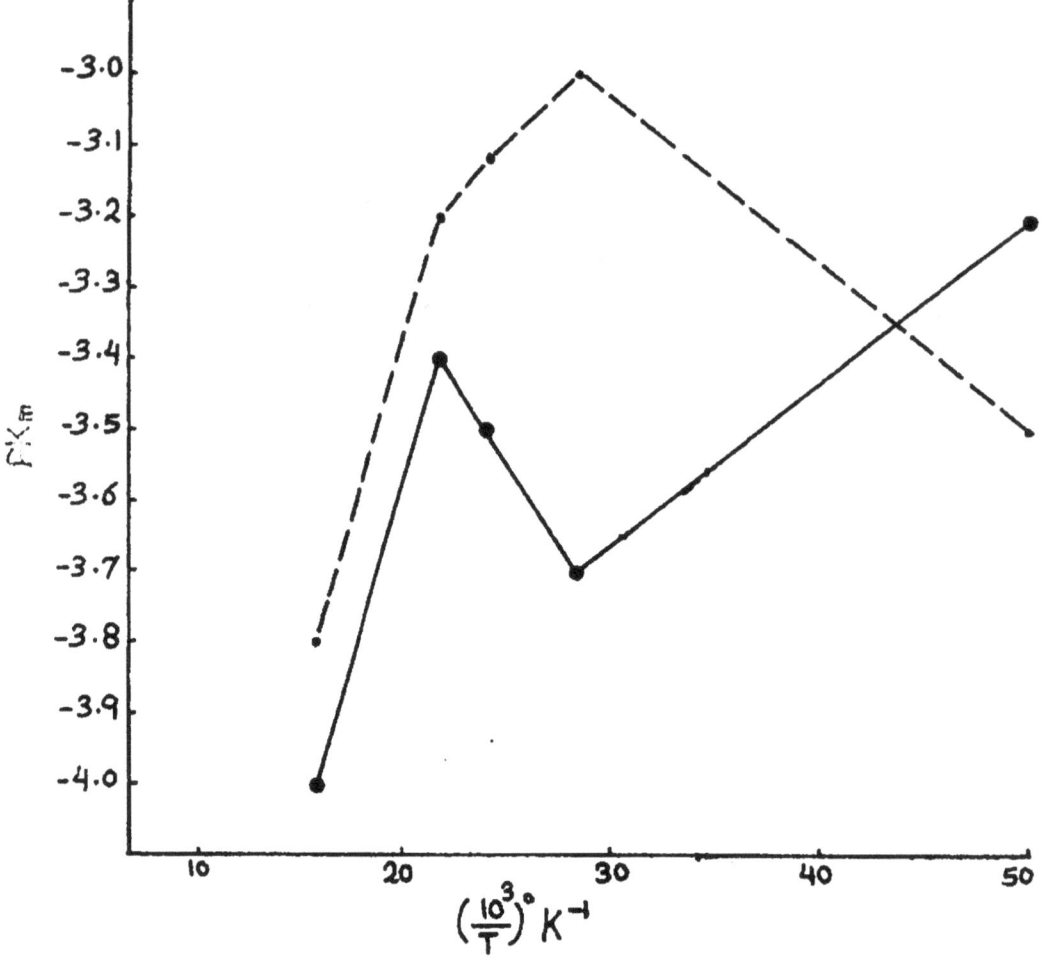

Fig. 39. Effect of temperature upon Km (DL-alanine) for isoenzyme IV and V by plotting PKm vs. 1/T. The velocity was determined at different incubation temperatures (20°, 37°, 45°, 60°) C. The reaction was carried out at optimal conditions of DL-alanine and α-ketoglutarate conc. and pH.

●——● represents isoenzyme IV.

– – – – " " V.

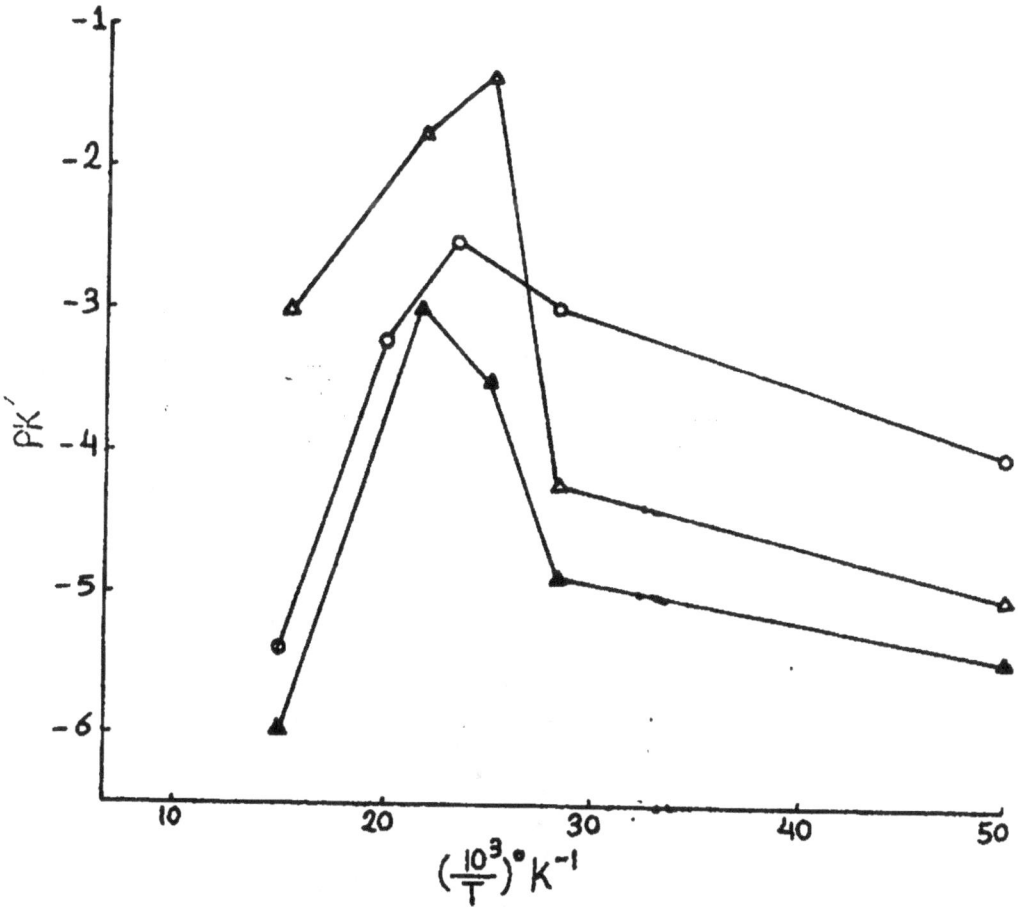

Fig. 40. Effect of temperature upon K´ (DL-alanine) for isoenzymes
I, II, III by plotting PK´ vs. 1/T. The velocity was determined
at different incubation temperatures (20°, 37°, 45°, 60°) c. The
reaction was carried out at optimal conditions of DL-alanine
and α-ketoglutarate conc. and pH.

△——————△ represents isoenzyme I.

▲——————▲   "   "   II.

○——————○   "   "   III.

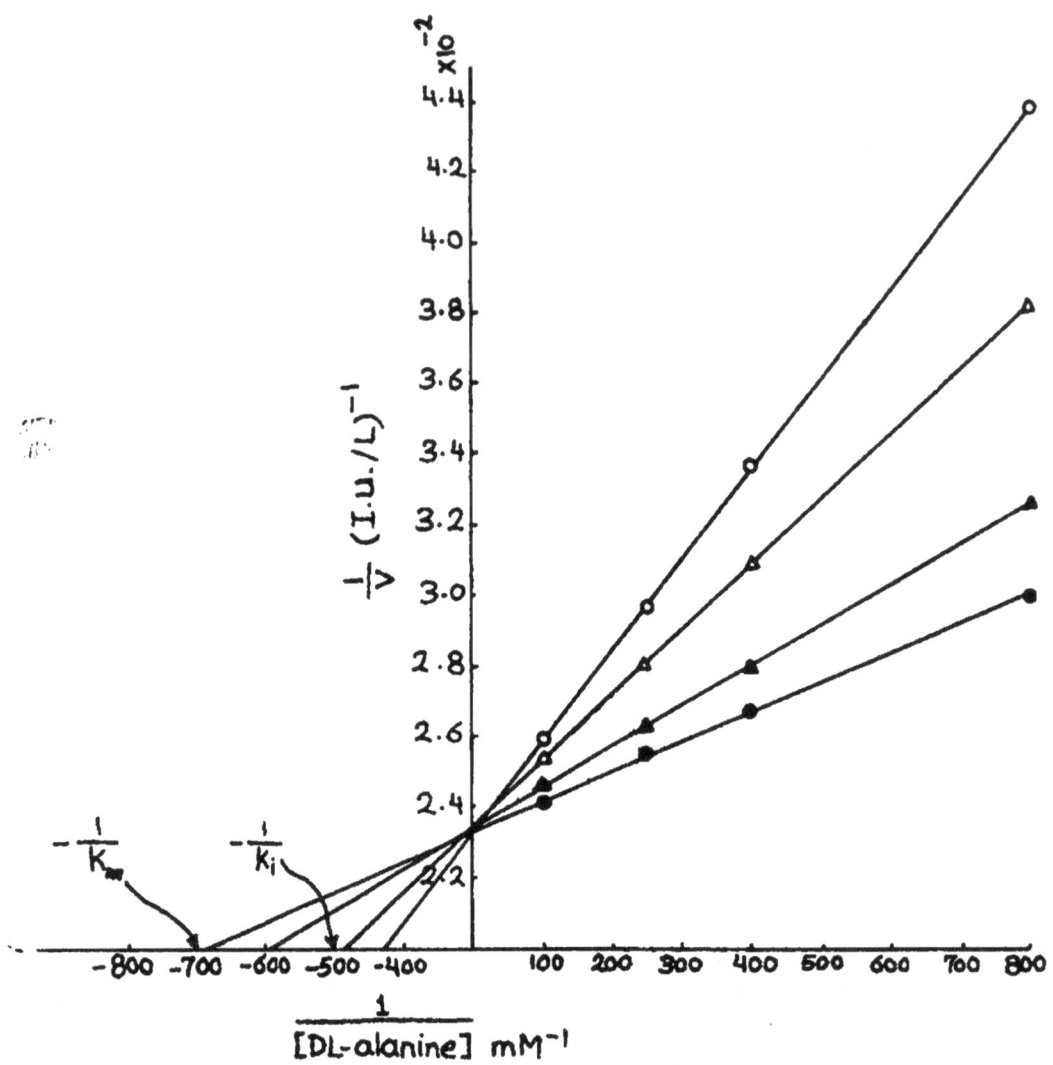

Fig. 41. Inhibition of GPT isoenzyme IV by different concentrations of L-proline (1, 25, 50, 70 mU) using the Lineweaver-Burk plot ($\frac{1}{v}$ vs. $\frac{1}{(DL\text{-}alanine)}$). The reaction was carried out at different conc. of DL-alanine (1.14, 2.28, 57, 80, 100) $\times 10^{-3}$ M and at optimal conditions of α-ketoglutarate conc., incubation temp. and pH.

●——● without inhibitor

▲——▲ when (L-proline) = 1 mM

△——△ 〃 〃 = 25 mM

○——○ 〃 〃 = 50 mM

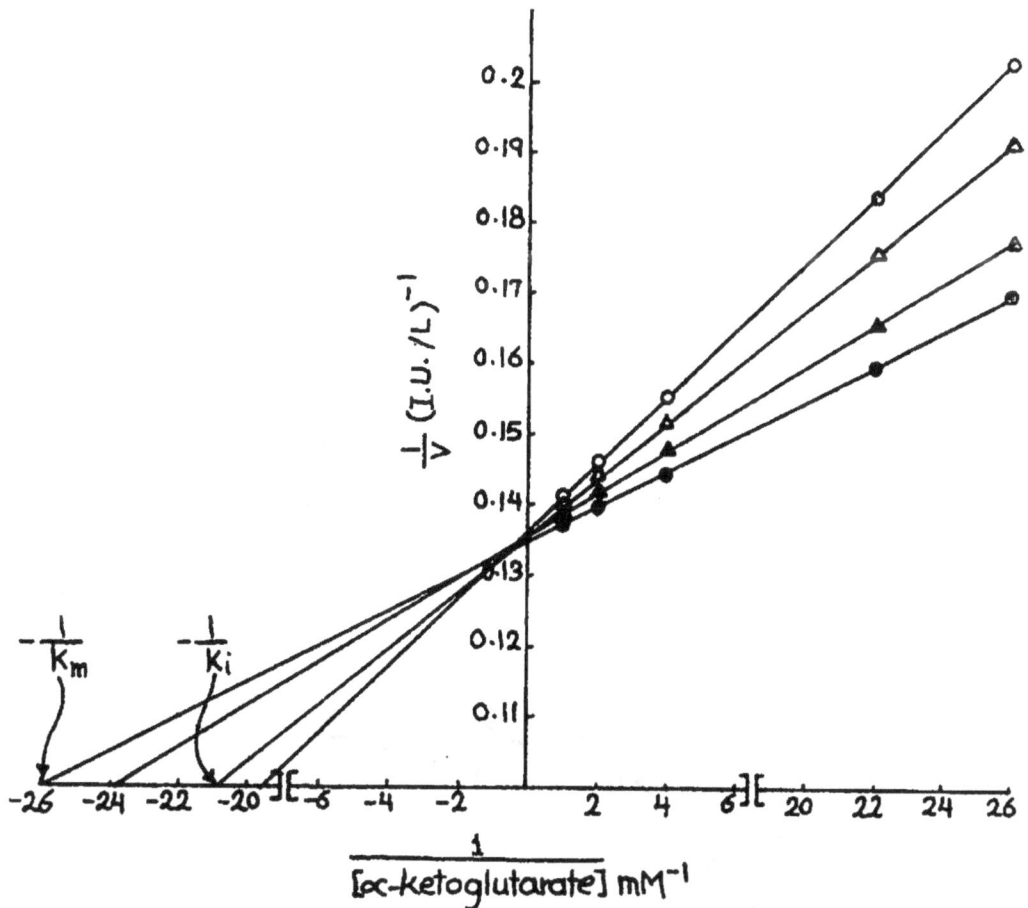

Fig.42. Inhibition of GPT isoenzyme Ⅳ by different concentrations of L-proline (1,25,50,70 mM) using the Lineweaver-Burk plot ($\frac{1}{v}$ vs. $\frac{1}{(\alpha-ketoglutarate)}$). The reaction was carried out at different conc. of α-ketoglutarate (0.0114, 0.022, 0.044, 1.1, 1.5)$\times 10^{-3}$M and optimal conditions of DL-alanine conc., incubation temp. and pH.

●————● without inhibitor

▲————▲ when (L-proline) = 1 mM

△————△ "   "   = 25 mM

○————○ "   "   = 50 mM

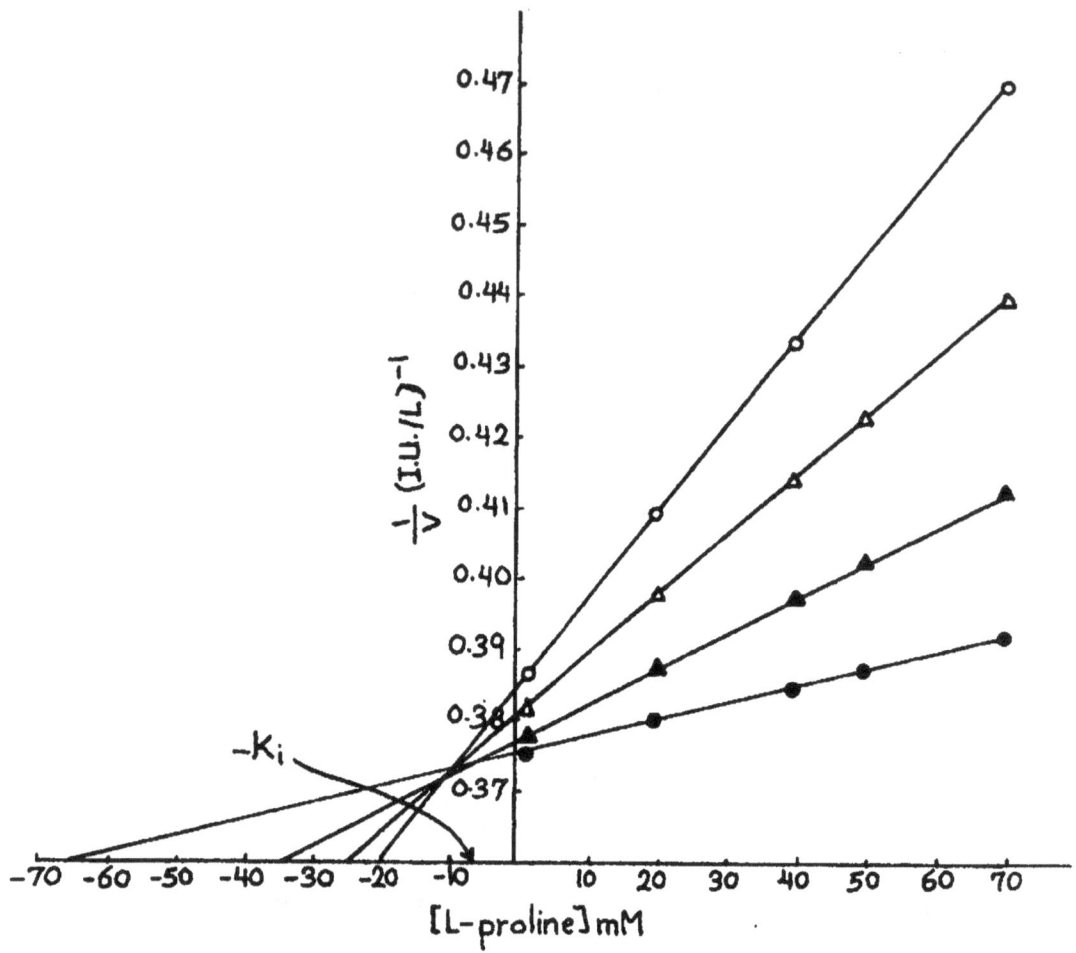

Fig. 43. Inhibition of GPT isoenzyme IV using different conc. of DL-alanine (0.1, 0.057, 0.0023, 0.00011 M), using Dixon plot ($\frac{1}{v}$ vs. (L-proline) conc.). The reaction was done at different concentrations of L-proline (0.003, 0.025, 0.04, 0.05, 0.07 M), and optimal conditions of α-keto-glutarate, incubation temp. and pH.

●———● without inhibitor

▲———▲ in the presence of 0.1M DL-alanine

△———△ ″ ″ ″ ″ 0.05M ″

○———○ ″ ″ ″ ″ 0.00228M ″

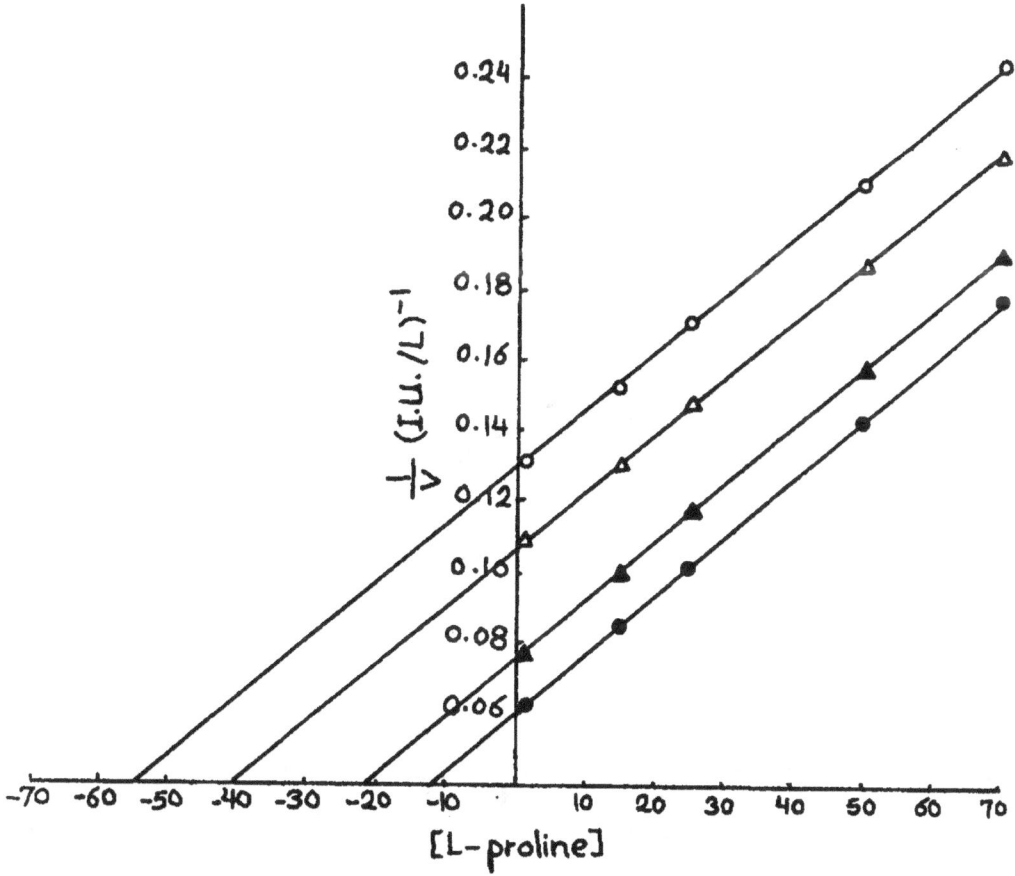

Fig.44. Inhibition of GPT isoenzyme IV by different conc. of α-keto-glutarate (0.011, 0.044, 1.1, 1.5 mM) using Dixon plot ($\frac{1}{V}$ vs. (L-proline) conc.). The reaction was carried out at different concentrations of L-proline (3, 25, 40, 50, 70 mM) and optimal conditions of DL-alanine, incubation temp. and pH.

●———● without inhibitor

▲———▲ in the presence of 1.5 mM α-ketoglutarate

△———△ "   "   "   " 1.1 mM   "

○———○ "   "   "   " 0.044 mM   "

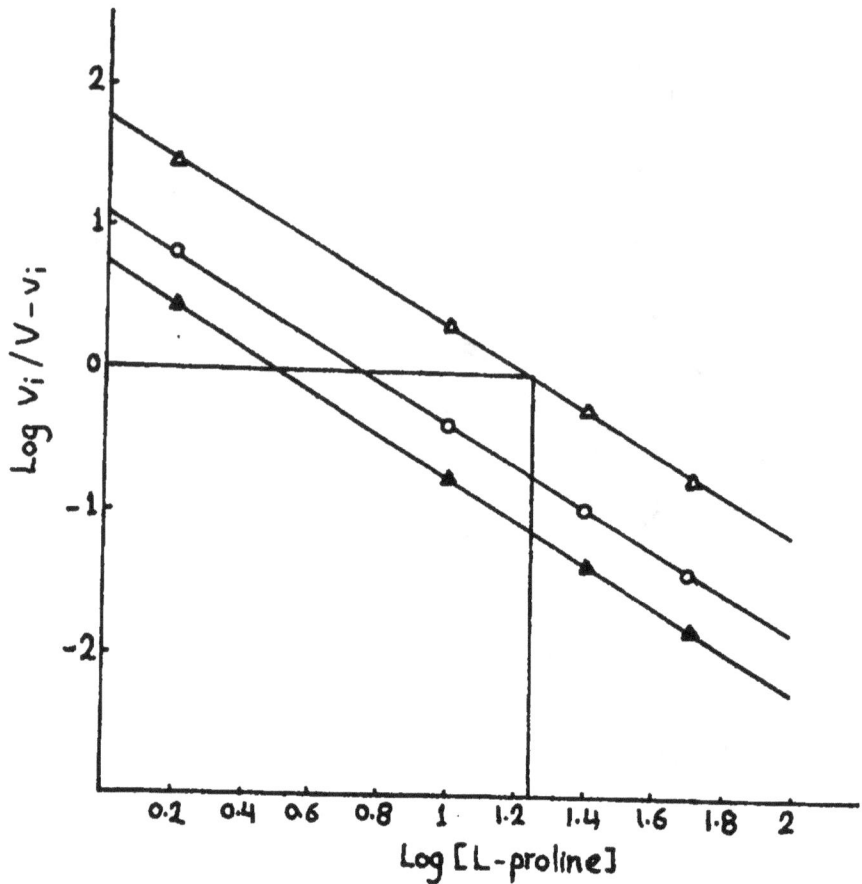

Fig. 45. Inhibition of GPT isoenzyme II by different concentrations
of L-proline (1, 25, 50, 70 mM) using the relationship between
Log $v_i/V-v_i$ and Log (L-proline) conc., the reaction was carried
out at different concentrations of DL-alanine (0.1, 0.057, 0.00228,
0.00113 M) and at the optimal conditions of α-ketoglutarate,
incubation temp. and pH.

△———△ when DL-alanine = 0.1 M

○———○   ,,   ,,   = 0.057 M

▲———▲   ,,   ,,   = 0.0228 M

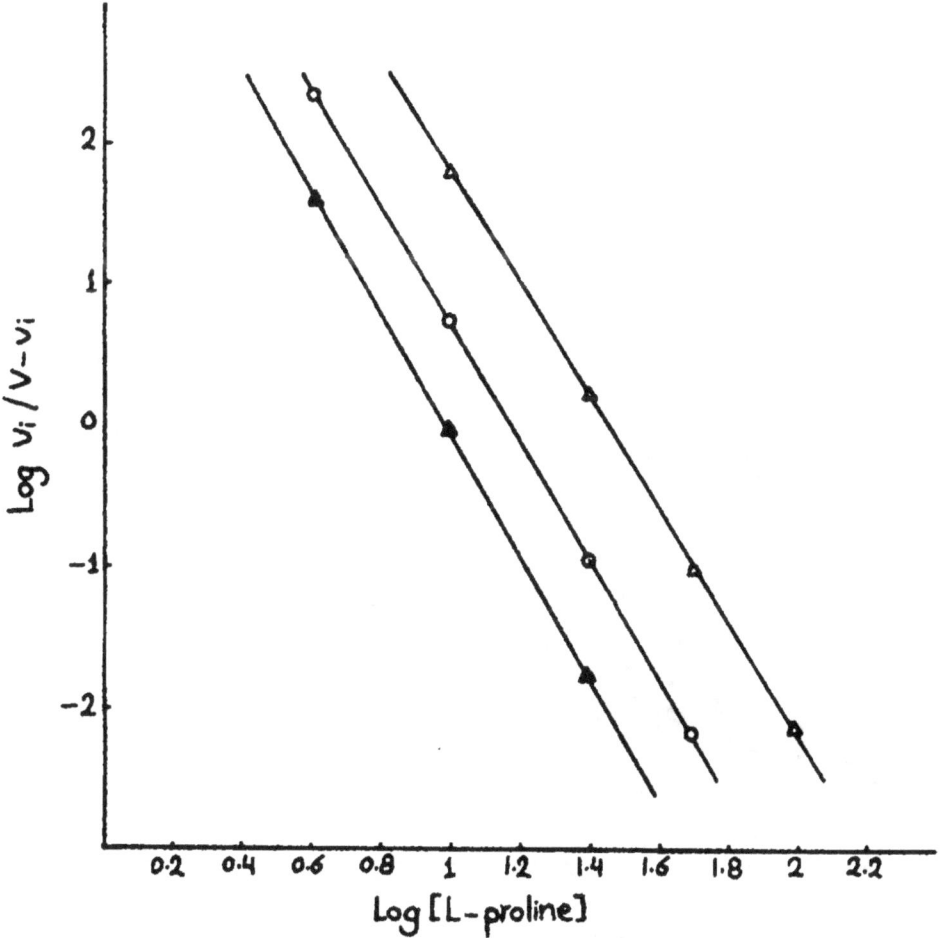

Fig. 46. Inhibition of GPT Isoenzyme II by different concentrations of L-proline (1,25,50,70 mM) using the relationship between Log $v_i/V-v_i$ and (L-proline) conc. The reaction was carried out at different conc. of α-ketoglutarate (0.027, 0.0015, 0.0011, 0.00044, 0.00022 M) and at the optimal conditions of DL-alanine, incubation temp. and pH.

△————△   when α-ketoglutarate = 0.0015 M

○————○   "   "   = 0.0011 M

▲————▲   "   "   = 0.00044 M

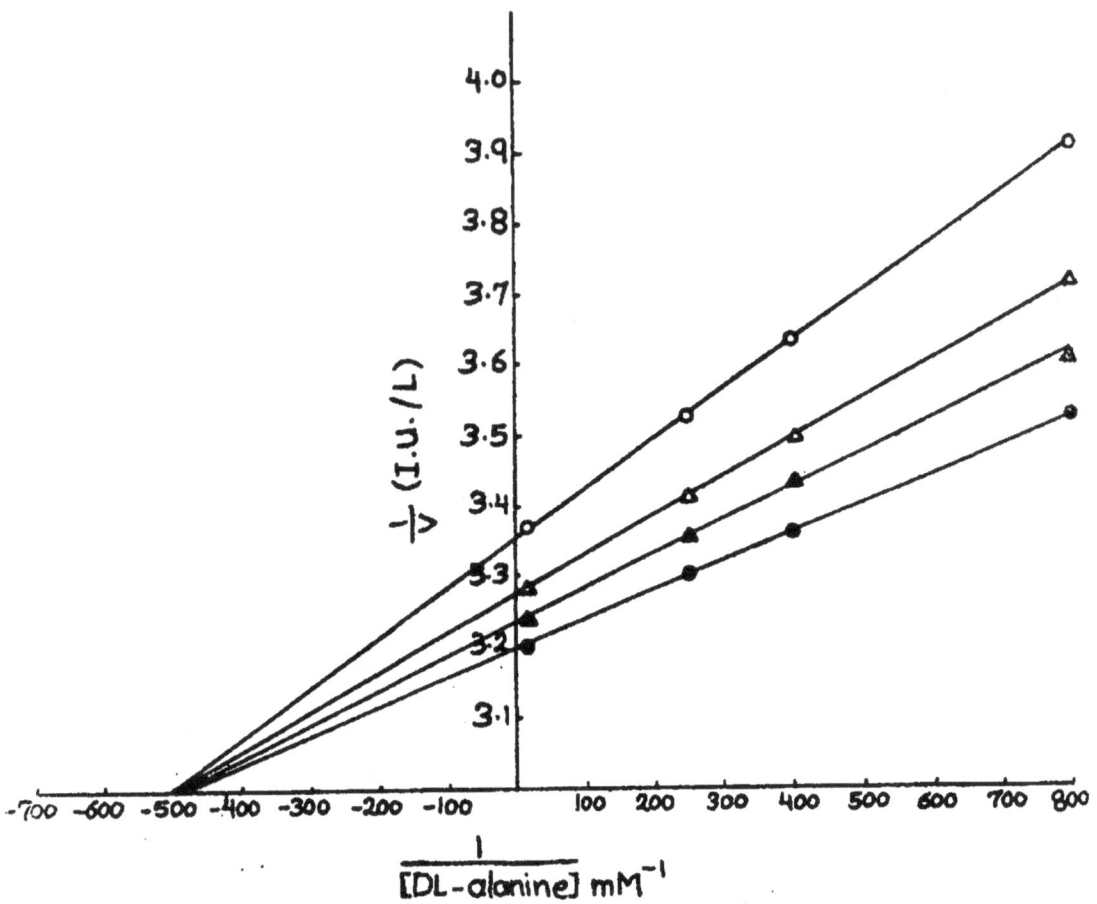

Fig.47. Inhibition of GPT isoenzyme IV using different conc. of DL-alanine (1.14, 2.28, 57, 80, 100) X10^{-3} M using Lineweaver-Burk ($\frac{1}{V}$ vs. $\frac{1}{S}$). The reaction was carried out at different percents of acetone whic is the inhibitor.

●———● without acetone

▲———▲ in the presence of 0.5 x 10^{-3} ml acetone

△———△ " " " " 5 X 10^{-3} ml "

○———○ " " " " 10 X10^{-3} ml "

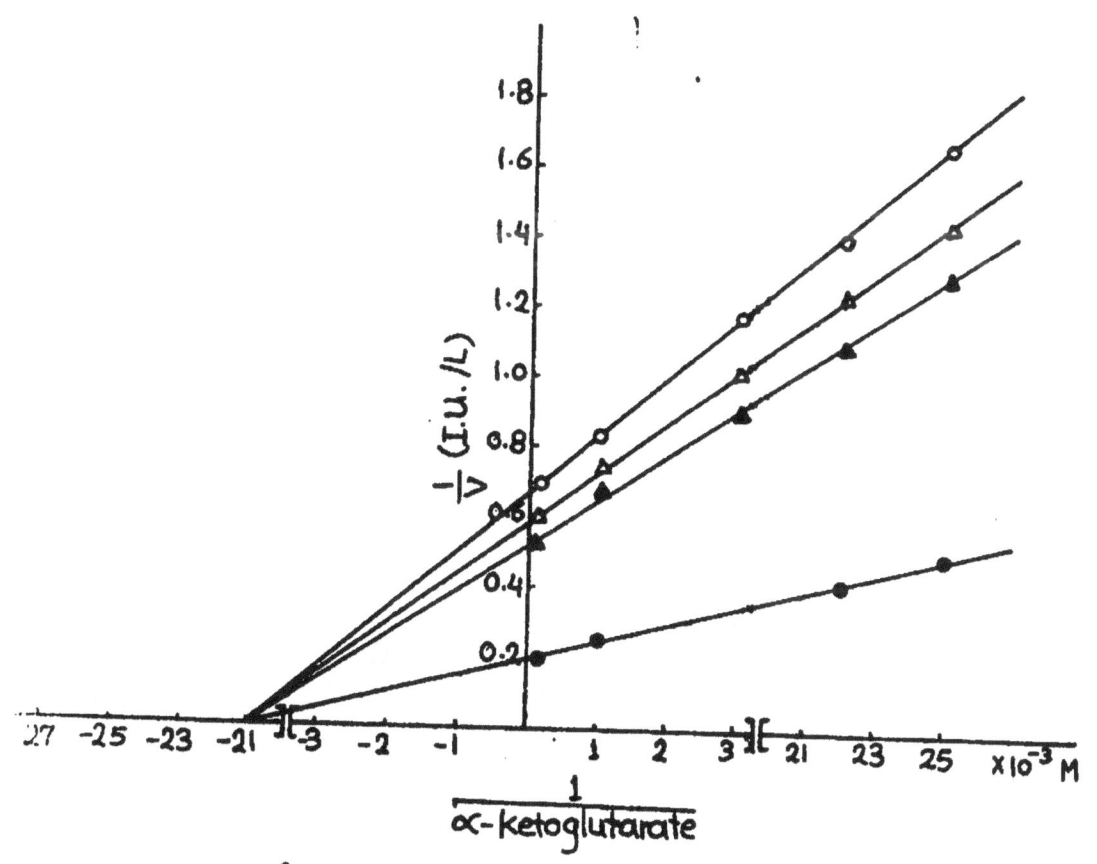

9. Inhibition of GPT isoenzyme Ⅳ using different conc. of α- keto-glutarate (0.0114, 0.022, 0.044, 1.1, 1.5) $\times 10^{-3}$ M using Lineweaver-Burk method (1/v vs. 1/α-ketoglutarate)). The reaction was carried out at different percents of acetone which is the inhibitor.

•——• without acetone

▲——▲ in the presence of 0.5 $\times 10^{-3}$ ml acetone

△——△ " "   "   " 5 $\times 10^{-3}$ ml   "

○——○ " "   "   " 10 $\times 10^{-3}$ ml   "